三峡库区黏性泥沙絮凝
影响因素及其环境效应

李振亮 李 旺 卢培利 祖 波 王 军 著

科学出版社

北 京

内 容 简 介

　　三峡库区泥沙淤积及水环境问题一直被广泛关注,以往研究者多关注河口地区的泥沙絮凝,针对三峡库区这类淡水环境的泥沙絮凝的相关研究较少。基于三峡库区不同河段原位采样和实验研究,本书较为系统地总结了三峡库区黏性泥沙在不同水体紊动、泥沙特性(包括物理特性、有机质含量和电势电位等)条件下的絮凝特征(包括絮体粒径分布和絮凝度等),并且探讨了泥沙絮凝后对磷的吸附/释放规律,这对于认识三峡库区黏性泥沙絮凝特性及环境效应具有一定的参考价值。

　　本书可供从事地球科学与环境、水利工程等研究工作的科研人员参考,也可供从事水利工程、环境保护等工作的管理人员和工程技术人员借鉴。

图书在版编目(CIP)数据

　　三峡库区黏性泥沙絮凝影响因素及其环境效应/李振亮等著. —北京:科学出版社,2021.5
　　ISBN 978-7-03-068720-3

　　Ⅰ. ①三… Ⅱ. ①李… Ⅲ. ①三峡水利工程–水库泥沙–泥沙淤积–研究 Ⅳ.①TV145

中国版本图书馆 CIP 数据核字(2021)第 077049 号

责任编辑:石 珺 朱 丽 赵 晶 / 责任校对:何艳萍
责任印制:吴兆东 / 封面设计:蓝正设计

科 学 出 版 社 出版
北京东黄城根北街 16 号
邮政编码:100717
http://www.sciencep.com

北京捷迅佳彩印刷有限公司 印刷
科学出版社发行　各地新华书店经销
*

2021 年 5 月第 一 版　开本:B5 (720×1000)
2021 年 5 月第一次印刷　印张:10
字数:208 000
定价:88.00 元

(如有印装质量问题,我社负责调换)

前　言

　　三峡工程建成后在很大程度上改变了河流过去的自然状态，引起了河道水流与环境系统的结构、功能的变化，其涉及多方面问题，其中泥沙淤积和环境问题最为引人关注。三峡水库蓄水后，泥沙淤积问题严重，以重庆市忠县皇华城河段为例，局部泥沙淤积厚度超过了 50m。根据泥沙淤积特点分析可知，泥沙淤积是流速降低后泥沙絮凝沉降所致。通常认为，黏性泥沙在盐度较高的河口或海岸会发生絮凝。近年来，随着现场激光粒度观测仪器的改进，已经证实了淡水条件下黏性泥沙絮凝的普遍性，而且其絮体大小并不一定比河口或海域的絮体小。现场观测资料表明，长江存在着明显的黏性泥沙絮凝现象，并且絮体大小与长江三角洲河口的絮体大小具有相同数量级，如三峡库区万州站点絮体中值粒径达 35.8μm，比泥沙中值粒径大一个数量级。

　　随着人类活动对河流环境影响的加剧，大量有机物、金属离子等进入河流水体，使水体富营养化，从而促进了微生物生长。这些因素都可能有助于黏性泥沙间的相互吸附或聚合，从而形成较大的絮体。另外，水体中的污染物（尤其是主要以颗粒态存在的磷、重金属）在水环境中的迁移转化、归宿又和泥沙密切相关。目前，还没有专门针对三峡库区黏性泥沙絮凝的研究报道，三峡库区黏性泥沙絮凝受哪些因素影响？库区中的黏性泥沙絮凝后对于水体中污染物的吸附解吸效应如何？这些问题还并不完全清楚。

　　从 2016 年开始，在国家自然科学基金项目和重庆市博士后科研项目特别资助基金的资助下，作者团队开展了三峡库区黏性泥沙絮凝影响因素及其环境效应的探索性研究。以重庆市长寿区、忠县和奉节县不同河段黏性泥沙为研究对象，设计专门的絮凝沉降柱，采用絮体图像分析与激光粒度仪相结合的方法测量絮体粒径分布，发现絮体最大粒径范围为 41～126μm，粒径分布受紊动剪切率和泥沙浓度的影响较大，泥沙絮凝临界剪切率约为 $20s^{-1}$，泥沙有机质含量高或者电动电位（Zeta 电位）小均更有利于泥沙发生絮凝等。另外，通过泥沙的磷吸附解吸实验，进一步明确了三峡库区黏性泥沙对磷的吸附解吸特性，包括泥沙对磷酸盐的吸附解吸量受扰动强度、泥沙特性（组成、粒径及比表面积等）影响等。

全书共有 6 个章，第 1 章是绪论；第 2 章是材料与方法，包括样品采集及分析、装置研发及实验方案等；第 3 章是三峡库区黏性泥沙在水体紊动作用下的絮凝规律；第 4 章是三峡库区黏性泥沙特性对絮凝的影响分析；第 5 章是三峡库区黏性泥沙对磷吸附解吸的影响因素；第 6 章是结论与建议。

本书的内容主要基于作者完成的相关研究，通过集体讨论、分工执笔，最后由李振亮统稿。相关研究内容系作者在重庆大学和重庆市环境科学研究院联合培养博士后工作站期间完成，特别感谢重庆大学城市建设与环境工程学院何强教授和重庆市环境科学研究院张晟研究员对本书相关研究工作的指导。

三峡库区黏性泥沙絮凝影响因素及其环境效应的相关研究是跨学科的研究热点和难点，由于研究条件和作者能力有限，书中若有疏漏之处，敬请各位读者及同行专家指正。

李振亮

2020 年 6 月

目　　录

第1章 绪 论

1.1 研究背景

三峡工程是目前世界上最大的水利工程,于 2003 年 6 月开始正式蓄水,蓄水过程分为 135~139m 蓄水期、144~156m 蓄水期、145~175m 试验性蓄水期 3 个阶段。2003 年 6 月~2006 年 9 月为 135~139m 蓄水期,汛后枯水期坝前水位 139m,汛期坝前水位 135m;2006 年 10 月~2008 年 9 月为 144~156m 蓄水期,汛后枯水期坝前水位 156m,汛期坝前水位 144m;2008 年 10 月至今为 145~175m 试验性蓄水期,汛后枯水期坝前水位 175m,汛期坝前水位 145m。2012 年三峡水电站首次实现了 2250 万 kW·h,全年发电 981 亿 kW·h,创投产以来最高纪录,累计发电量达 6291.4 亿 kW·h,成为我国最大的清洁能源生产基地。三峡船闸从建立以来连续 15 年实现高效无事故运行,船闸的主要运行设备达到了 100%的完好率,充分保证了长江航道的通畅运行,且为下游的补水提供了支持,缓解了长江中下游用水的紧张局面。三峡工程有力地提升了我国长江中下游地区的防洪能力,是消除中游地区洪水威胁的关键性工程,并且由于三峡地区丰富的水能资源,其发电效益巨大,对缓解我国中东部的能源供应形势、减轻煤炭供应和运输压力、调整能源结构、促进区域经济发展等具有重要意义。长江干支流通航里程近七万 km,年运量占全国内河总运量的七成以上,是我国东西航运交通的大动脉,三峡工程的建成可以极大地改善川江河段的航运条件,提升航运效率。但三峡工程也面临着诸多问题。监测数据显示,三峡水库在蓄水后,泥沙淤积特点与此前预测的(即首先在库尾淤积,然后以三角洲形态向前推移)并不一致,而是超过 85%的泥沙都淤积在常年回水区内,并且以"点"状分布形式淤积在近坝、宽谷、支流河口和弯道河段。以重庆市忠县皇华城河段为例，其局部泥沙淤积厚度超过了 50m。蓄水后库区水流变缓，导致泥沙发生絮凝沉降，且水位抬高后河岸侵蚀严重，大量黏性较强的红土微粒进入河流，进一步加重淤积，使得有效库容减少，缩短水库使用寿命，淤积的泥沙还会引发碍航现象，而且严重时会出现淹没问题，危害库区周边的生态环境安全。表 1-1 展示了自 2003 年三峡库区蓄水发电以来历年的入库泥沙量、出库泥沙量、淤积量及排沙比。从表 1-1 中可以看出，入库泥沙量在 2014 年以前一直居于高位，虽然近几年上游数座水电站的建成使得入库泥沙量减少，但出库泥沙量及排沙比却呈下降趋势，库区泥沙淤积情况仍不容乐观。

表 1-1　三峡库区蓄水发电以来泥沙迁移量

年份	入库泥沙量/亿 t	出库泥沙量/亿 t	淤积量/亿 t	排沙比/%
2003	2.080	0.840	1.240	40.4
2004	1.660	0.640	1.018	38.6
2005	2.540	1.030	1.510	40.6
2006	1.120	0.089	0.932	7.9
2007	2.204	0.509	1.695	23.1
2008	2.178	0.322	1.856	14.8
2009	1.830	0.360	1.470	19.7
2010	2.288	0.328	1.960	14.3
2011	1.016	0.069	0.950	6.8
2012	2.190	0.453	1.737	20.7
2013	1.268	0.328	0.940	25.9
2014	0.554	0.105	0.449	19.0
2015	0.320	0.043	0.278	13.3
2016	0.422	0.088	0.334	20.9
2017	0.344	0.032	0.312	9.4
2003~2017	22.014	5.236	16.681	21.0

根据 2018 年 6 月的《长江水资源质量公报》，长江流域湖（库）按代表面积统计的水资源达标情况如下，保护区、保留区、缓冲区、饮用水水源区、工业用水区的达标率分别只有 53.4%、37.9%、0、22.2%、56.6%，情况不容乐观。图 1-1 展示了 2006～2015 年三峡库区主要支流水质超标情况统计，其中总磷是水质不能达标的主要超标物（彭福利等，2017）。总磷超标导致的水体富营养化会带来诸多负面影响：①加速水体老化消亡。水体自然富营养化伴随着水体的产生、发育、老化、消亡整个过程，其时间漫长，多以地质年代或世纪来描述其进程（周宏伟，2007）；而人为的富营养化会在短时内向自然水体大量输入氮、磷等营养物质，加速水体老化消亡。据统计，在过去 50 多年间，我国水体富营养化面积激增约 60 倍，太湖、巢湖、滇池、丹江口水库、洞庭湖、鄱阳湖、千岛湖等重点湖库的总磷、总氮均高于《地表水环境质量标准》（GB3838—2002）中湖库Ⅲ类要求，已有约 1000 个内陆湖泊消亡，平均每年消亡 20 个，百余湖泊正在发生萎缩（文宇立等，2015），美国国家环境保护局公开资料显示，富营养化导致的美国湖泊面积缩小量占总量的半数之多，且还有进一步发展的趋势。②藻类爆发式增长。营养物质的大量涌入，导致藻类疯狂生长，水体中繁殖的大量藻类无法完全被其他生物利用，致使出现赤潮、蓝藻等现象，植物性赤潮会导致水体溶解氧、叶绿素等物质含量改变，破坏原有的生态平衡，造成鱼、虾、贝类大量死亡，有些藻类生物还会分泌赤潮毒素，这些毒素会在鱼虾贝类生物体内富集，若被人类食用会引起中毒，严重时可导致死亡（刘仁沿等，2016）。③生物多样性丧失。若水体中营养盐含量增加，则浮游植物生物量就会增加，这些浮游植物的残骸上会富集大量细菌，消耗水体中的溶解氧，造成厌氧驱动的恶性循环（anoxia-driven vicious cycle）（Smith and Schindler，2009），导致需氧生物数量及种类锐减。太湖 20 世纪 60 年代调查采集到的水生植物有 66 种、鱼类有 107 种，至 2004 年水生植物已降至 17 种、鱼类降至 48 种（王小林，2006），太湖水体生态系统遭遇严重破坏。④影响湖库水质及其功能。富营养化水体中大量的藻类及腐烂物质会使水体产生臭味和霉味，也会使水质变浑浊、透明度明显降低，这样一方面丧失了自然水体的观赏性，另一方面水体中有毒有害物质增多，增加了水处理的技术难度，提高了用水成本。湖库能为沿岸地区提供饮用水、水产养殖、灌溉、航运等功能，但沿岸工农业废水和生活污水未经妥善处理便直接排入河道，则会造成水质不断恶化，使其丧失了原本的饮用、养殖、灌溉功能，且大量的浮游生物堵塞航道，影响旅游及航运，严重制约当地的经济发展。

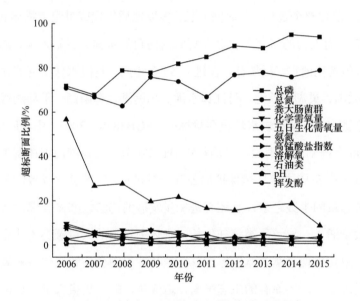

图 1-1 三峡库区主要支流水质超标情况统计

"磷"是水体中最重要的生源物质之一，是大多数淡水湖和地表水的主要限制营养素，对于维持河流生态系统结构与功能具有重要作用，但过量的磷也是导致水体富营养化的重要因素。磷形态复杂，土壤和沉积物中的磷多以磷酸盐（PO_4^{3-}）的形式存在，不同类型的磷酸盐在文献中很少被区分。磷在水体中以溶解态磷（DP）和颗粒态磷（PP）为主，溶解态磷主要包括正磷酸盐、有机聚合磷和无机聚合磷，颗粒态磷以泥沙、残叶、鱼类尸体、粪便为主，不同来源、不同形态的磷，其运移模式及对水体环境的影响也有很大不同。河流中自然产生的磷素主要来源于水生动物粪便、植被残骸、河岸冲刷、大气沉降等，多以颗粒态为主，且对河流环境基本没有影响。人为磷输入主要有以下三种来源：①工业源。工业排放是自然水体中氮、磷的重要来源之一，一方面工业废水废气中氮、磷浓度高、毒性大，另一方面先进的污水废气处理装置费用较高，投资巨大，大部分工业企业主要通过曝气等方式降低污染物浓度，但其效果有限，排放浓度难以保证。②生活源。我国城镇生活总氮、总磷产生量分别约为 277 万 t 与 26 万 t，而处理量分别仅占 26%与 57%，这意味着多数城镇污水仍以不达标的状况排入水体。但生活源污染防治技术相对成熟，城镇污水产生较为集中，因此其处理量及处理率的提升空间较大。③农业源。农业源是我国总氮、总磷的主要排放源，王军霞等（2015）分析了全国千余家工业企业、污水处理厂和百余家规模化畜禽养殖场的总氮、总磷检测结果后得出，总氮排放量中农业源占比 69.2%（水产 1.2%、种植 24.5%、畜禽养殖 43.5%），总磷排放量中农业源占比 81%（水产 2.5%、种植 18%、畜禽养殖 60.5%）。我国是农业大国，农业人口比重高，农村人口分散，基础设施较差，生活、养殖废水随意排放现象普遍，另外农田化肥、农药施用不合理，氮肥、磷肥、钾肥平均利用率为 33%、24%、42%（农业部新闻办公室，2013），而欧洲地区主要粮食作物肥料利用率普遍在 60%以上，比我国高出 20~30 个百分点，未被利用的养分通过地表、地下径流、土壤侵蚀、淋溶、吸附等方式进入水环境，造成水体污染（刘腊美，2009）。

　　泥沙是水体中与磷产生交互作用的主要物质，泥沙颗粒形态、性质变化及絮凝、解絮行为都会对磷的赋存形态造成相当大的影响，而且这种影响具有显著的双重性特点，其主要通过泥沙吸附、解吸磷来实现。磷在水体中以颗粒态和溶解态两种赋存形态为主，泥沙表面对磷有很强的亲和性，水体中 80%~90%的磷都以颗粒态的形式吸附于泥沙颗粒表面，其吸附过程会将上覆水体中的溶解态磷吸附在泥沙上，从而降低水体中的磷浓度，起到了"汇"的作用，这种吸附过程，是污染物在水和沙两相间按照一定的规律不断分配或再分配的过程，其在一定程度上可以减轻水体的污染情况,对于水生生态环境是有益的。但严格来说,挟带有大量污染物质的泥沙也是一种污染物,一旦水动力条件或水体 pH、金属离子、温度等水体环境条件改变时,泥沙本身的性质也会发生变化(如发生絮凝或絮体破碎),从而磷等污染物就会在水和沙两相间重新分配,原本吸附于泥沙颗粒表面的污染物发生解吸,造成水体二次污染,泥沙成为污染"源"。另外,泥沙数量大、来源广,一旦发生污染极难控制,其对水生生态环境造成的影响十分严重。因此,当外源污染物(如工业、农业、生活排放)得到控制后,内源污染物就成了影响水体环境的主要因素,有研究表明,当富营养化水体在切断外源污染输入后,内源污染物(泥沙)的作用也能使水体富营养化持续数年乃至数十年之久(Miquel and Frank,2013)。自 20 世纪 80 年代以来,泥沙的性质及对污染物的吸附解吸一直是环境学、水科学、土壤学等学科研究的热点,众多研究者围绕其特性与规律做了大量的调查及研究,其研究对象包括有机污染物(有机农药化肥、石油、合成洗涤剂、城市污水、污泥、有害微生物等)和无机污染物(酸、碱、盐、重金属、砷、硒、氟的化合物等)等。

1.2 研 究 现 状

1.2.1 泥沙絮凝

絮凝,是指单个或多个泥沙颗粒在重力、水动力或有机物等多个因素的影响下互相黏结成团或絮网的过程。河口、库区等水环境中细颗粒泥沙絮凝是引起泥沙淤积的主要原因之一。随着观测仪器的改进,研究者们也证实了泥沙絮凝的普遍性,在库区及河口地带,细颗粒沉积物大都以絮状物的形式存在,且发现这些絮状物在生成及沉降的过程中能够吸附有机碳、营养物和人为污染物。因此,絮凝在悬浮物质向底部的运输中起关键作用,其对有机物、营养物质和污染物的化学行为、运移规律以及最终归宿都有很大的影响。

　　许多研究人员对絮凝过程进行了研究。絮凝理论最初是由 Smoluchowski（1973）提出的，Ives（1978）改进了这个理论。他们的研究都是基于颗粒碰撞后发生了颗粒聚集，从而引起颗粒数变化来展开的。Weber 和 Lion（2010）将颗粒聚集现象描述为一个两步过程：颗粒失稳和颗粒间聚合（絮凝），颗粒失稳是指在碰撞过程中出现互相黏合的趋势，颗粒失稳可通过以下四种机制得到增强：①对扩散层的压缩；②吸附产生电荷中和；③陷入沉淀物；④粒子间桥接。Lick 于 1988 年提出了一种通用的絮体动力学模型，其中包括之前未考虑的碰撞和剪切引起的絮团解聚效应。Tsai 和 Hwang（1995）研究了流体剪切对天然底部沉积物的影响，并根据粒径变化提出了碰撞机制的重要影响因素。Lick W 和 Lick J（1998）进一步研究了差速沉降对天然细颗粒沉积物絮凝的影响。McAnally（1999）改进了用于河口细粒沉积物絮凝的动力学公式。Dyer 和 Manning（1999）提出细颗粒粒子的絮凝取决于布朗运动、差异沉降和湍流剪切引起的碰撞程度。自然水体中的泥沙颗粒絮凝过程如图 1-2 所示。

　　1. 絮凝机理

　　根据不同学者提出的理论，目前主流的絮凝机理包括：盐絮凝机理、有机絮凝机理、网捕作用、碰撞理论、热力学理论等。下文只对较为经典的碰撞理论加以阐述。

　　Smoluchowski 为我们目前对絮凝机理的理解奠定了基础。他认为絮凝主要取决于颗粒的性质和由它们的相对运动引起的颗粒之间的碰撞程度。这种相对运动可由布朗运动（异向絮凝）、水流剪切（同向絮凝）或差速沉降引起。下面介绍这三种絮凝机理。

　　1）布朗运动（异向絮凝）

　　布朗运动本质是由液体的热能引起的，并不是自发的，其是颗粒受到液体分子碰撞的不平衡力作用而引起的无规则运动，其运动是永不停歇的。一般来说，

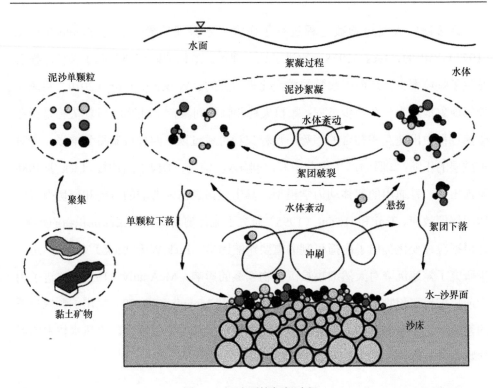

图 1-2 泥沙颗粒絮凝过程

温度越高，颗粒受液体分子来自不同方向的冲击力越大，颗粒的运动状态变化越快。研究者通常使用碰撞率系数来表征颗粒碰撞速率，其公式如下：

$$k_{ij} = \frac{2KT(a_i + a_j)^2}{3\mu a_i a_j} \qquad (1\text{-}1)$$

式中，k_{ij} 为碰撞率系数，m^3/s；K 为 Boltzmann 常数，$(kg\cdot m^2)/(s^2\cdot K)$；$T$ 为热力学温度，K；μ 为黏度系数，$kg/(m\cdot s)$；a_i、a_j 为球形颗粒的半径，m。

式（1-1）反映了异向絮凝过程中，絮凝速率与温度呈正相关关系，另外可以发现，当两粒子粒径相差不大时，即 $a_i \approx a_j$，可得

$$k_{ij} = \frac{8KT}{3\mu} \qquad (1\text{-}2)$$

即絮凝速率与颗粒尺寸无关。

2）水流剪切（同向絮凝）

同向絮凝是指水体在剪切力的作用下，颗粒向某一方向快速运动，可以极大地增加颗粒间碰撞的速率。基于水流剪切的碰撞率系数为

$$k_{ij} = \frac{4}{3}G(a_i + a_j)^3 \qquad (1-3)$$

式中，G 为紊动剪切率，s^{-1}。

从式（1-3）中可以看出，碰撞率系数与速度梯度成正比，另外反映了同向絮凝与异向絮凝的差异性，即碰撞率系数对于颗粒尺寸的依赖性。

3）差速沉降

还有一个重要的絮凝机理是差速沉降。水体中的颗粒会以不同的速率沉降，且沉降过程中会引起颗粒间的碰撞和絮凝。在差速沉降中，较大的颗粒比较小的颗粒沉降得更快，并且当它们落下时可以捕获后者。碰撞率系数可以通过假设球形颗粒并使用斯托克斯法来确定其沉降速度来估算，其公式为

$$k_{ij} = \frac{2\pi g}{9\mu}(\rho_s - \rho)(a_i + a_j)^3(a_i - a_j) \qquad (1-4)$$

式中，g 为重力加速度，m/s^2；ρ 为粒子密度，kg/m^3；ρ_s 为溶液密度，kg/m^3。

从式（1-1）～式（1-4）可以看出，对于不同粒径的颗粒，其主要絮凝机理也有所不同。对于布朗运动（异向絮凝）来说，当颗粒粒径较小时（<1μm＝其作用较明显，而当颗粒粒径较大时（>10μm）差速沉降作用较明显；对于水流剪切（同向絮凝）来说，其作用范围较广，对于粒径为 1～1000μm 的颗粒都有明显的影响（Tchobanoglous et al.，2003）。而且对于河流、河口和大陆架（或其他具有更高能量流动的水生生态系统）的沉积物运输，布朗运动和差速沉降对絮凝过程的影响可能不太重要，因此许多研究都集中在理解水流剪切对絮凝过程的影响。Parker 等（1972）描述了湍流中颗粒数量随 G 值的变化而变化，并将剪切率定义

为 $\sqrt{\varepsilon/\nu}$ ，其中 ε 为耗散率，ν 为流体运动黏度系数。此后众多研究者开发出水槽、沉降柱等装置，研究了不同条件下絮凝物大小和耗散参数之间的关系，得出了许多结论，如低剪切率会促进絮凝物的生长，而高剪切率可能会增强絮凝物的分解，或是在相同的剪切率下设置不同的泥沙浓度、电解质、有机质等来展开研究。

另外，从絮凝作用方式来说，盐絮凝机理、桥连絮凝机理及网捕作用更加全面。盐絮凝主要基于胶体稳定理论（DLVO 理论）和双电层理论，认为外加离子会使得颗粒表面电位改变，于是进一步改变电层厚度，从而影响颗粒间的作用力，改变絮凝特性。桥连絮凝是指有机分子在颗粒间形成链结，从而形成尺寸较大的絮体。而网捕作用是指大絮体在下降过程中不断捕获小絮体、小颗粒，从而形成更大的絮体，网捕作用在某些离子如 Al^{3+}、Fe^{3+} 的影响下会更加明显。

2. 絮凝影响因素

1）泥沙特性

泥沙特性对泥沙颗粒絮凝的影响是最本质的，宽泛地说，任何因素对泥沙颗粒絮凝的影响都可以先从泥沙特性的改变来反映。目前研究较多集中于泥沙矿物种类、泥沙浓度、粒径等方面。

张志忠（1996）对长江泥沙的基本特性研究发现，相比于淤积程度不高的地区，长江口等淤积程度较高的区域的泥沙中伊利石占比极大。乔光全（2013）采用不同矿物进行实验，其结果也肯定了不同矿物之间的絮凝差异性。

在泥沙浓度方面，一般来说，随着泥沙浓度的增加，颗粒物之间相互碰撞的概率增大，颗粒间结成絮团的概率也相应增加。

颗粒粒径对于絮凝也有较大影响。周家俞等（2006）指出，随着泥沙颗粒粒径不断减小，其在水体中受重力的影响也不断下降，而所受的颗粒间黏结力会成为主要作用力，从而促进絮体的形成。

2）环境介质条件

环境介质条件主要指盐离子浓度、温度、有机物等。

盐离子浓度主要影响颗粒的带电性质，泥沙颗粒具有典型的双电层特性，根据双电层理论，双电层分为吸附层与扩散层[图 1-3（a）]，被吸附的离子紧贴在颗粒表面，形成固定的吸附层，吸附层到溶液本体称为扩散层（张莉娟和郑忠，2006），距颗粒表面距离越远，电势越小，在吸附层内，电势的变化类似于平行板模型，即电势与距固体表面距离的增加呈单调减小的直线性关系，而在扩散层内，随距固体表面距离增加，电势呈指数型减小趋势[图 1-3（b）]（沈钟等，2004）。固–液两相发生相对移动时会在扩散层内出现一个滑动面（或剪切面），滑动面是实际存在的面，将滑动面对溶液深部的电势差叫作电动电势或 Zeta 电位（ζ 电位），而 ζ 电位直接决定了扩散层的厚度，当向体系中加入带有正电荷的离子时，泥沙颗粒的电位绝对值降低（与盐离子浓度及离子价态有关），扩散层压缩变薄，颗粒间排斥力降低，从而使得颗粒更易结合、絮凝（姜军和徐仁扣，2015）。一般来说，盐离子浓度越高，泥沙颗粒的 ζ 电位越低，越容易絮凝。金鹰等（2002）也通过实验证实了离子价态对絮凝的影响，得出影响的大小为 $Na^+ < K^+ < Mg^{2+} < Ca^{2+} < Al^{3+} < Fe^{3+}$。

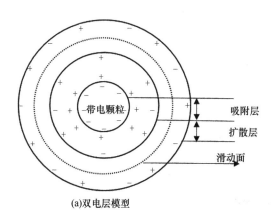

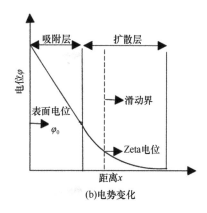

(a)双电层模型　　　　　　　　　　　　　(b)电势变化

图 1-3　双电层

温度对于絮凝的影响，多认为温度的升高会降低水体黏滞系数，并且加剧颗粒的运动，促进颗粒间碰撞，从而有利于絮凝。但也有研究指出，升高温度会增加颗粒双电层厚度，导致颗粒间的排斥力增加，从而阻碍絮凝。

有机物对于泥沙颗粒絮凝的影响方式主要表现为桥连絮凝，其会通过链结将泥沙颗粒聚合起来，从而形成絮团，赵慧明（2010）通过高精度的观测仪器对泥沙颗粒表面生长有机生物膜后其单颗粒的几何特征、群体特性等物理性质的变化进行了分析和研究，发现这些有机生物膜极大地改变了泥沙颗粒原本的物理性质，使得颗粒间更加容易结合。另外，当体系中存在金属阳离子时，有机质还会结合泥沙颗粒及金属阳离子形成三元络合物（图 1-4），即 C-P-OM（C 代表细颗粒泥沙，P 代表多价金属离子，OM 代表有机质），夏福兴和 Eisma（1991）也提出有机结构含有各种反应基团，如—COOH、—OH、C$=$O 等，其可以与金属离子和黏土矿物反应形成比较稳定的化合物。同时，河流沉积物中含量最高的一种有机物——腐殖酸，是一种带负电的亲水胶体，很容易被电介质所结合。有机质的这些特性对其在自然水体中形成有机–无机复合物非常重要。

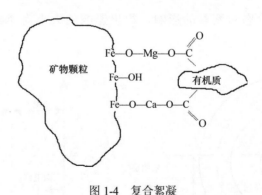

图 1-4　复合絮凝

3）环境动力条件

水流剪切力对于泥沙颗粒的絮凝有双重作用。一般来说，絮凝过程的第一步主要是泥沙颗粒在水流剪切力作用下失稳，在这种作用下，当颗粒接触时会发生聚集，而随着絮凝的进一步发展，絮团变得更大但结构也变得更加脆弱和松散，这种脆弱的结构持续受到流体剪切力的作用，从而破碎，最后在不断地碰撞—黏结—破碎—碰撞过程中达到稳态，粒度分布趋于稳定。Oles（1992）发现流体剪切力越大，稳态条件下的平均聚集体尺寸（dss）越小。但是，他的实验仅模拟了大于 $25s^{-1}$ 的剪切率。在这个剪切率下，剪切率的增加破坏了聚集体，使得得到的聚集体的粒度分布偏小。Colomer 等（2005）使用振荡栅格产生的较低的剪切率值（$0.5\sim27s^{-1}$）进行了实验，发现在这些条件下，剪切率越大，dss 的值越大。Teresa 等（2008）通过三种不同的装置研究了在不同初始颗粒浓度和不同剪切率值下进行的絮凝实验，通过分析在每个剪切率下平衡时的粒度分布，发现了三个不同的区域：在低紊动剪切率（$G<20s^{-1}$）下，平均粒径随 G 的增大而增大，聚集大于破碎；在中等紊动剪切率（$20s^{-1}\leqslant G\leqslant30s^{-1}$）下，絮凝发生率最大化，产生了最大的絮体；在高紊动剪切率（$G>30s^{-1}$）下，破碎大于聚集，剪切率的增加导致平均粒度的减小。李振亮等（2013）也得出了相似的结果，在流体剪切力较小时，絮体分散性较差，大絮体易于沉降，当流体剪切力处于较高水平时，絮体可以在水流中保持一个很好的分散状态，而且随着流体剪切力的增大，大絮体会被打破形成较小的泥沙颗粒，即絮体的平均粒径会减小。柴朝辉等（2012）在实验后也认为在高水流剪切力的作用下，水流运动使颗粒碰撞加剧，增加了不同粒径级别絮团出现的概率。

1.2.2　吸附与解吸

吸附（adsorption）是指物质在两相界面处积聚的过程，这些相可以分为液–液、液–固、气–液和气–固。相反地，当物质离开界面时，称为解吸或脱附（desorption）（Chunmei and Yourong，2017）。吸附–解吸是一个动态的过程，吸附质分子不断地在界面上吸附–解吸，为了表述方便，通常将吸附量大于解吸量的过程称为吸附，将吸附量小于解吸量的过程称为解吸，当吸附量与解吸量相等或经过无限长时间两个量也无变化时，即认为体系达到吸附平衡（近藤精一等，2006）。根据吸附剂与吸附质之间的作用方式，通常将吸附分为物理吸附及化学吸附（Yi et al.，2014）。物理吸附的发生是由于受到弱引力的作用，其也称为范德瓦耳斯吸附，颗粒通过范德华力的作用吸附周围物质，吸附过程中物质间不会发生化学反应，也不会发生电子转移、原子重排或化学键的破坏与生成，对于固体来说，它主要与比表面积有关，高比表面积有利于物理吸附的进行（Kurochkina and Pinskii，2012）。引起化学吸附的力要强得多，其与物理吸附最大的差别即物质间发生了电子转移，产生了化学键，吸附质与吸附剂之间发生了明显的化学作用，化学吸附相对于物理吸附来说结合能较强，一般也较难解吸（蔡莹等，2012）。

1. 吸附及解吸的机理

总的来说，吸附及解吸的机理可以分为物理、化学和生物三种。

按照《河流泥沙颗粒分析规程》（SL42—2010），河流泥沙分为黏粒（<0.004mm）、粉粒（0.004～0.062mm）、砂粒（0.062～2mm）、砾石（2～16mm）等，沉积物颗粒越细，其比表面积就越大，可供污染物附着的吸附位点就越多。一般来说，磷与泥沙颗粒的吸附过程可以分为三个状态：①磷在泥沙颗粒表面的流体界面膜中扩散[图 1-5（a）]；②磷在泥沙颗粒内部的细孔扩散和表面扩散，细孔扩散是指磷在孔内的气相或液相中扩散，表面扩散指磷在孔内的孔壁上由一个吸附位转移到相邻吸附位上[图 1-5（b）]；③磷吸附在孔内的吸附位上[图 1-5（c）]。所以对于多孔物质来说，由于孔的存在，其比表面积巨大，通常更容易吸附污染物质，另外，水体中的金属氧化物、氢氧化物、附着在颗粒表面的微生物、有机质也会影响颗粒的比表面积，或是促进颗粒间结成絮团，从而影响吸附。而且，由于沉积物表面的复杂性和不规则性，其吸附位是有差异的，吸附位点能量高的区域往往会形成吸附中心（黄丽敏等，2017）。近年来，有研究者将能量位点分布理论（site energy distribution theory，SEDT）应用于土壤和沉积物对污染物的

吸附中，从能量的角度研究表面吸附能量不均匀的吸附机理（Faulkner et al.，2010）。例如，李克斌等（2003）研究了除草剂在土壤中的吸附情况，发现吸附主要发生在土壤颗粒表面的高能吸附位上。Shi 等（2013）基于 SEDT 理论分析了黄河沉积物的能量分布特征，认为 Pb 在沉积物上的吸附首先占据颗粒物表面有限的高能吸附位点，高能吸附位点数量减少而其他位点数量增加。Jin 等（2016）发现降低温度会导致高能区的吸附位点对 Cu 的吸附减少，低能区的吸附位点对 Cu 的吸附增多。

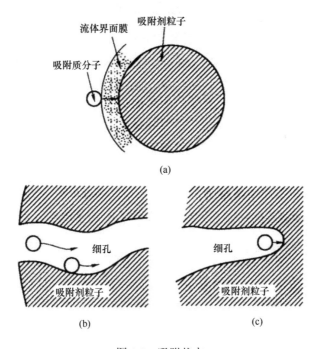

图 1-5 吸附状态

泥沙颗粒的带电性质也是研究其吸附机理的重要部分，物质间化学键的形成、破裂等也均与电位的变化有关。离子交换吸附就是由吸附质和吸附剂表面上带相反电荷位点之间的电吸引力引起的。通常，带较高电荷的离子（如三价离子）比带较少电荷的离子能更强地吸引到带相反电荷的位置。物理吸附仅在相对较低的温度下进行，可以作为单层或多层吸附发生，并且是可逆的，但化学吸附是不可逆的，形成一个单层，并且可以在很宽的温度范围内使用。

水体中动植物、微生物及其分泌物、残骸对于泥沙颗粒的性质也有较大的影响。微生物的胞外聚合物（EPS）或者藻类吸附在泥沙颗粒表面后不仅会改变其表面电位，还会通过高分子桥、生物膜等吸附水体中的其他颗粒或离子（叶小青等，2016）。自然水体中的有机质通过络合金属离子与泥沙颗粒组成有机–无机复合体（C-P-OM），这种复合体疏松多孔，具有巨大的比表面积，改变了泥沙颗粒原有的表面性质（赵慧明等，2014）。也有学者通过研究土壤与磷的相互关系，认为土壤中的有机质会降低一些离子的螯合作用，从而降低土壤对磷的吸附作用（甘海华和徐盛荣，1994）。Chai 等（2013）也认为水体中的有机质会掩盖泥沙颗粒表面的吸附位点，从而阻碍其他物质与吸附位点结合。另外，水体中的有机质基团能发生 H^+（OH^-）电离或配合作用，从而影响泥沙颗粒的电荷（黄利东，2011）。

2. 吸附及解吸的影响因素

1）泥沙的理化性质

泥沙的理化性质与矿物种类、浓度、化学组成、粒径大小、表面活性吸附位、电位、有机质含量等有关。

不同矿物其质地、表面形态、化学组成皆有不同，从而对污染物质的吸附能力产生影响。杭小帅等（2016）在不同 pH 和温度条件下比较了六种天然矿物对磷的吸附性能，发现在相同条件下高岭土、硅藻土和沸石对磷的净化能力较强。千方群等（2008）比较了坡缕石、高岭土、膨润土和蛭石四种黏土矿物对不同程度磷污染水体的吸附净化能力，发现四种黏土矿物对于不同磷污染程度水体的吸附净化效果存在较大差异，高岭土对模拟 V 类水[$\rho(P)$ =0.4mg/L]的吸附净化能力较强，最高可达 40mg/kg，膨润土对劣 V 类水[$\rho(P)$ =1.0mg/L]的吸附净化能力较强（98mg/kg），而坡缕石和蛭石对不同磷污染浓度的水体可应用的范围较宽。

不同矿物中的结晶态氧化物和无定形铁铝氧化物含量的差异也是影响磷吸附的主要因子，通常无定形铁铝氧化物的表面积更大，从而可以吸附更多的磷。杨作升等（2009）通过扫描电镜（SEM）观察了长江碳酸盐矿物的表面形态，发现白云石颗粒普遍较完整，棱角多被磨圆，方解石多为不完整菱面体，有大量深入颗粒内部的溶蚀孔洞，这些颗粒形态差异均会对磷等物质的吸附造成影响。

若把泥沙颗粒近似为球体，则其比表面积与半径的关系为 $S=3/r$，泥沙颗粒粒径越小，其比表面积越大，吸附能力越强。Wang 等（2006）研究发现，湖泊沉积物的粒径越小，吸附能力和吸附量越大。肖洋等（2011）将混合泥沙分成了四个粒径组，研究了其比表面积及对磷的最大吸附量，结果表明泥沙颗粒的比表面积随中值粒径的减小呈指数型增大，磷最大吸附量也与粒径呈反比关系。王晓青等（2007）从野外同步监测和室内试验研究了三峡库区悬移质泥沙的吸附解吸特性，发现随粒径的增加，磷吸附量及解吸量均减少，通过朗格缪尔（Langmuir）模型对吸附过程的拟合发现，吸附及解吸速率常数 k 与粒径也呈正比关系。

传统吸附理论主要侧重研究宏观的吸附-解吸过程，对于诸如表面活性吸附位、电位等微观的研究较少。陈明洪等（2009）借助扫描电镜、X 射线能谱仪等，通过图像处理，结合矩阵理论分析研究了磷在泥沙颗粒表面的吸附规律，结果表明在泥沙颗粒表面高斯曲率较大的地方存在较多的活性吸附位，这些吸附位对磷的吸附起着非常重要的作用。这也符合能量分布理论，认为沉积物表面的复杂性和不规则性使得其表面的吸附位存在差异，导致不均匀吸附（Faulkner et al.，2010）。肖洋等（2018）通过实验发现，泥沙吸附磷后 Zeta 电位增大，且随最大吸附量的增大而增大。但王晓丽等（2008）在磷吸附实验中通过调节 pH 改变泥沙的 Zeta 电位，结果显示磷吸附量与 Zeta 电位没有必然联系。

有机质对于泥沙吸附磷的影响尚无定论。马良和徐仁扣（2010）通过添加有机质研究了有机质对三种酸性土壤吸附-解吸磷的影响，结果显示有机质的添加减小了土壤对磷的吸附能力，提高了磷的解吸量。Hunt 等（2007）的研究也表明，有机质可以减少针铁矿、水铝矿、高岭土对磷的吸附。但是，也有学者指出，有机质的存在对磷的吸附是有促进作用的。张斌亮等（2004）研究了长江中下游太湖、巢湖和龙感湖的湖泊表层沉积物的吸附特性，也得出了同样的结论。王而力等（2013）认为，沉积物中的有机质复合体在对磷吸附中发挥重要作用，当有机质去除后，沉积物对磷的吸附量大大减少，饱和吸附量和分配系数分别只能达到原样的 35.62%和 9.93%。Wang 等（2009）也认为，有机质可以促进沉积物对磷的吸附。还有研究指出，有机质造成的磷吸附量减少只是有机质分解后产生的磷导致观测结果出现了错觉（Guppy et al.，2005）。

2）环境介质条件

环境介质条件通常是指水体 pH、盐度、温度、溶解氧等。

水体 pH 一方面会影响吸附质在水体中的离子价态，另一方面还会影响吸附质的表面性质，对于水体 pH 影响磷吸附的研究目前多集中于宏观吸附量、解吸量，而对于微观影响机制、影响效果的研究较少。郭长城等（2006）通过室内模拟实验认为，pH 越小，泥沙对磷吸附效果越好，在强碱环境下，泥沙表现为释放磷的现象。王圣瑞等（2005）的实验发现，当水体 pH 趋近于中性时，泥沙对磷的吸附量最大。安敏等（2009）的研究表明，随着 pH 的增大，泥沙对磷的吸附呈"U"形变化，而解吸量持续增加，认为这是 OH$^-$交换能力的增强所致。王颖等（2008）研究了三峡表层沉积物的磷释放特性，认为当水体 pH 处于中性时磷释放量最小，而当水体 pH 大幅增加或减少时都将引起沉积物释放磷，且酸性条件下磷释放量多于碱性条件下。

盐度对沉积物吸附–解吸磷的影响已有诸多研究成果，多数研究者认为盐度的升高使得水体中电解质离子增多，从而抢占泥沙颗粒表面的吸附位点，影响磷的吸附（代政等，2016）。路敏（2015）对长江口及邻近海域沉积物的磷吸附特征进行研究也发现，水体盐度的降低可以显著提升沉积物对磷的吸附。周永胜等（2011）通过研究南沙湿地沉积物对磷的吸附特性，认为盐度的变化对控制磷的吸附特性起到了重要的作用，盐度改变颗粒电化学性质，随着盐度增大，沉积物对磷的吸附量减少、解吸量增加。高丽等（2009）通过添加 KCl 的方法调节水体盐度值，认为沉积物对磷的吸附随盐度先上升后下降。宋智香等（2009）认为，沉积物中磷的解吸量也会随盐度增加而降低。而潘齐坤（2011）发现，沉积物对磷有一个最小解吸盐度，在盐度为 5‰左右时，磷解吸量最小，随后解吸量增加。

温度的升高或降低必然伴随着能量的吸收或发散。一般来说，沉积物对磷的吸附是一个吸热反应，吸附量随温度升高而增加。杜建军和张一平（1993）在土壤对磷的吸附研究中也提出了同样的观点，认为温度对于磷的吸附起正效应。Jiang 等（2008）认为，温度越高，磷的吸附强度越大，磷被吸附得越牢固。徐清等（2005）研究了温度对密云水库底泥磷释放的影响，发现温度的升高也会加大底泥磷的释放强度。对于温度影响沉积物对磷吸附的研究还有许多不同的观点，有的认为温度升高会减少吸附量，有的提出吸附的本质实际是放热反应，温度的升高会减缓反应速率，还有的认为温度通过影响颗粒形态、电荷、磷的状态来控制沉积物对磷的吸附与释放（Mustafa et al.，2008）。

溶解氧含量高低是反映水体污染程度的一个重要指标，水体中溶解氧主要来源于水生植物的光合作用和大气复氧，而其消耗主要来源于有机物的降解、物质氧化、氨氮硝化、生物生长、底泥消耗等。水质较差的水体一般溶解氧含量低，故水处理技术中常用曝气的方式来修复水质。水体中的溶解氧含量也是影响底泥中氮磷赋存形态的重要因素。李薇（2014）模拟了不同溶解氧水平对富营养化水体底泥氮磷转化的影响，结果表明在高溶解氧和低溶解氧条件下，底泥向水体中释放磷会受到抑制，而在厌氧条件下，底泥中磷释放加速。韩璐等（2010）也发现，在厌氧条件下 Alafia 河表层沉积物的磷释放量是好氧条件下的两倍。金相灿等（2004）研究了有光和黑暗条件下富氧和缺氧环境对沉积物吸收磷酸盐过程的影响，结果显示沉积物中磷增加量为无光富氧＞有光富氧＞有光缺氧＞无光缺氧。龚春生和范成新（2010）研究了玄武湖底泥在 0～100%溶解氧水平下底泥–水界面磷交换过程，结果表明上覆水体溶解氧水平可以影响间隙水中溶解氧扩散深度，高溶解氧水平的扩散深度大，进而影响底泥–水界面的磷交换，另外认为溶解氧还可通过影响底泥–水界面处的电位、藻类聚磷作用以及 pH 来影响底泥–水界面的磷交换。

3）环境动力条件

水体搅动对于河流底泥的起动、悬移质的运动状态、水沙界面的物质交换过程等都会造成影响，从而进一步影响磷等污染物的吸附及释放。应一梅等（2012）利用六联搅拌器对比了静态和紊动状态下黄河泥沙对于污染物的吸附规律，结果表明紊动有助于提升泥沙对污染物的吸附率。张漾元（2017）利用恒温振荡器研究了扰动强度对于磷吸附的影响，发现扰动强度越大，泥沙对磷的吸附量越大，250r/min 条件下的单位泥沙吸附量是静置条件下的 1.39 倍。Zhang 等（2006）认为，扰动强度增大会提升水体中的磷含量，导致底泥悬浮、水沙界面物质交换加快及底泥中的磷在水动力条件下释放。

上述实验均是在小型搅拌器、振荡器等装置中完成的，其将现实水流条件、扰动强度和动力过程进行了简化，并不属于完整意义上的动态水沙环境下的污染物吸附解吸过程，其结果偏重于定性分析，难以建立扰动强度与污染物吸附及释放的定量关系。

秦宇等（2017）采用循环明渠模型模拟自然河道，研究了泥沙对磷的吸附特性，得出了较好的结果。彭进平等（2003）利用环形水槽模拟了流速对水体中磷浓度的影响，结果显示随着流速的加快，水体中磷浓度先下降随后快速升高，认为前期磷浓度下降是由低流速下一部分磷被悬浮物的絮凝沉淀裹挟带走所引起的，随着流速的不断升高，沉积物普遍起动，大量磷从沉积物中释放，导致水体中磷浓度快速升高。夏波等（2014）设计了一种近似均匀紊流模拟装置，利用此装置模拟在不同紊动强度的水体条件下泥沙解吸磷的规律，结果表明，在泥沙起动前，表层泥沙孔隙水与上覆水之间的物质交换是溶解态磷浓度增大的原因，当紊动强度进一步增大时，底层泥沙起动，磷发生解吸，导致溶解态磷含量增大。

朱广伟等（2005）利用波浪水槽研究了小波与大波对沉积物释放氮磷等污染物的影响，认为当波浪扰动强度大于表层底泥起动的临界波高时，水体中的氮磷等物质的浓度会发生显著变化，且大波的影响效果强于小波。

3. 吸附及解吸模型

在目前的研究中，研究者广泛采用动力学和等温吸附模型来描述吸附过程，建立吸附量和时间及污染物浓度之间的关系。这些模型的参数可以用来评估吸附及释放效果，同时也提供了对所涉及的机理的解释。下文将介绍目前比较常用的几种等温吸附模型和动力学模型。

1）等温吸附模型

单位质量吸附剂吸附的物质质量称为平衡吸附量（或吸附密度），无论是动力学模型还是等温吸附模型，都是基于吸附密度来展开研究的，平衡吸附量的计算方法如式（1-5）所示：

$$Q_e = \frac{(C_0 - C_e)\, V}{m} \qquad\qquad (1\text{-}5)$$

式中，Q_e 为平衡吸附量，mg/g；C_0 与 C_e 为磷初始浓度和平衡浓度，mg/L；V 为溶液体积，L；m 为泥沙质量，g。

在给定温度下，吸附密度和可溶性吸附质浓度之间的平衡关系称为等温吸附线。朗格缪尔（Langmuir）、弗兰德里希（Freundlich）及特姆金（Tempkin）模型的等温线是最常用的等温线。

Langmuir 模型已被广泛用于描述固–液系统的吸附过程，如染料从水中的去除。Langmuir 模型是最基本的等温吸附模型，假设吸附质在吸附剂上形成一个有限的单层，单一吸附质与吸附剂上的单一位点结合，吸附上的所有表面位点与吸附质具有相同的亲和力，不存在相邻的相互作用和吸附分子之间的空间位阻（Foo and Hameed，2010）。

Langmuir 模型的等温吸附公式如下：

$$Q_e = \frac{K_L Q_m C_e}{1 + K_L C_e} \qquad (1\text{-}6)$$

式中，Q_e 为平衡吸附量，mg/g；Q_m 为饱和吸附量（也称最大吸附量），mg/g；C_e 为磷平衡浓度，mg/L；K_L 为 Langmuir 常数，反映吸附质对吸附剂的亲和性。

为了方便起见，式（1-6）可以排列成如下所示的线性形式：

$$\frac{1}{Q_e} = \frac{1}{Q_m} + \frac{1}{Q_m K_L} \cdot \frac{1}{C_e} \qquad (1\text{-}7)$$

通过线性拟合，可以确定直线的截距 $\dfrac{1}{Q_m}$ 和斜率 $\dfrac{1}{Q_m K_L}$，进一步计算出 Q_m 与 K_L。

Freundlich 模型是一个数学推导的方程，用于描述非理想吸附，吸附剂上存在对不同吸附质具有不同亲和力的位点分布，不受诸如 Langmuir 模型的单层限制，该模型已广泛用于描述非均匀表面上的吸附（Mostafapour et al.，2013）。

Freundlich 模型的公式如下：

$$Q_e = K_F C_e^{1/n} \qquad (1\text{-}8)$$

式中，K_F 为 Freundlich 常数，与吸附量有关，其值越大，吸附量越大；n 为吸附质的亲和力随吸附量变化而变化的量度。

式（1-8）同样可以排列成线性形式：

$$\lg Q_e = \lg K_F + \frac{1}{n} \lg C_e \qquad (1\text{-}9)$$

线性形式的斜率可用于确定吸附强度和表面的不均匀性，接近 0 的值表明更高的异质性，从 $1/n$ 的值可以推断出化学吸附过程，大于 1 的 $1/n$ 值表示横向或单层吸附（Hameed et al.，2008）。

Langmuir 模型在计算最大吸附量方面具有优势，但该方程式假定吸附剂上的所有吸附位点对吸附质具有相同的亲和力。而 Freundlich 模型等温线来源于假设不同吸附质具有不同亲和力的异质表面,完全没有化学吸附,吸收的质量随浓度或压力的增大而无限增加。在一些研究中发现,Freundlich 模型等温线有时比 Langmuir 模型等温线更好,因为它没有假定恒定的结合能,但这些研究多限于完全由物理因素引发的吸附(Gunawan,2013)。

Tempkin 模型提出了一种假设,认为吸附剂间、吸附在吸附剂上的吸附质间会产生相互作用,从而影响吸附,即在吸附剂、吸附质之间的直接吸附作用过程中考虑了一些间接吸附质/吸附剂相互作用的影响,并指出吸附层中所有分子的吸附热随覆盖程度的增加呈线性减小趋势(Liu,2017)。

Tempkin 模型的公式如下:

$$Q_e = B_T \ln A_T + B_T \ln C_e \tag{1-10}$$

式中,A_T 为与结合能有关的平衡结合常数,L/mg;B_T 为与吸附热有关的常数,kJ/mol,其计算公式如下:

$$B_T = RT/b_T \tag{1-11}$$

式中,R 为理想气体常数,值为 8.314kJ/(mol·K);b_T 为 Tempkin 常数,kJ/mol;T 为热力学温度,其计算公式为

$$T(K) = 273.15 + t \tag{1-12}$$

因此式(1-10)可写为

$$Q_e = \frac{(273.15+t)R}{b_T} \ln(A_T C_e) \tag{1-13}$$

2)动力学模型

吸附及解吸动力学模型可以用来分析吸附及解吸的动态过程,可以直观地看出溶液中吸附质浓度随时间的变化情况,从而评价吸附剂的吸附能力及吸附机理。目前较常用的几种动力学模型有:①准一级动力学模型;②准二级动力学模型;③Elovich 模型;④粒子内扩散的 Weber-Morris 模型。

Lagergren 基于他对草酸和丙二酸在木炭上的吸附研究,对理想动力学模型进行了修正,提出了准一级动力学模型。

准一级动力学模型的表达式如下:

$$\frac{\mathrm{d}Q_t}{\mathrm{d}t} = k_1 \left(Q_e - Q_t \right) \tag{1-14}$$

式中,Q_e 与 Q_t 为平衡时和 t 时刻的吸附量,mg/g;k_1 为准一级速率常数;通过应用在 $t=0$ 时 $Q_t=0$ 和在 $t=t$ 时 $Q_t=Q_t$ 的边界条件,对式(1-14)积分得到式(1-15):

$$Q_t = Q_e \left(1 - \mathrm{e}^{-k_1 t} \right) \tag{1-15}$$

式(1-15)进一步变换成线性形式:

$$\lg \left(Q_e - Q_t \right) = \lg Q_e - \frac{k_1}{2.303} t \tag{1-16}$$

准一级动力学模型解释了溶质在固相上的纯物理吸附。该模型已被许多人广泛用于描述使用吸附剂从污染水中去除污染物,如使用来自生物质的碳材料去除染料或重金属离子。但是,该模型未能提供足够的信息来描述吸附过程中涉及的合理机制,该模型可用于解释仅涉及物理吸附的吸附及解吸过程。

准二级动力学模型是另一种动力学模型,可以用于解释泥炭上的极性官能团与二价金属离子之间的化学键合作用。其描述了基于吸附剂的吸附量和溶质的浓度在固–液相中的吸附过程,与准一级动力学模型不同的是,准二级动力学模型可用于描述吸附剂和吸附质之间电子交换的化学吸附。

准二级动力学模型的表达式如下:

$$\frac{\mathrm{d}Q_t}{\mathrm{d}t} = k_2 \left(Q_e - Q_t \right)^2 \tag{1-17}$$

对式(1-17)两边积分,可得

$$Q_t = \frac{t}{\dfrac{1}{k_2 Q_e^2} + \dfrac{t}{Q_e}} \tag{1-18}$$

将式（1-18）变换为线性形式：

$$\frac{t}{Q_t}=\frac{1}{k_2 Q_e^{\;2}}+\frac{t}{Q_e} \tag{1-19}$$

式中，k_2 为准二级速率常数。

叶洛维奇（Elovich）模型主要用于描述基于吸附剂吸附量的化学吸附。Elovich 模型最初是为了描述固–气系统中的化学吸附而开发的，但近来它被广泛应用于描述固–液系统中的吸附过程。最早应用 Elovich 模型解释固–液系统中的化学吸附过程是使用针铁矿从溶液中去除磷（Vitela and Rangel，2013）。此后，Elovich 模型被广泛用于描述污染水体中污染物的吸附过程。

Elovich 模型的公式如下：

$$\frac{\mathrm{d}Q_t}{\mathrm{d}t}=\alpha \mathrm{e}^{-\beta Q_t} \tag{1-20}$$

通过应用在 t=0 时 Q_t=0 和在 t=t 时 Q_t=Q_t 的边界条件，可得

$$Q_t=\frac{1}{\beta}\ln\,（\alpha\beta)+\frac{1}{\beta}\ln t \tag{1-21}$$

将式（1-21）简化为线性方程：

$$Q_t=a+b\ln t \tag{1-22}$$

式中，$a=\dfrac{1}{\beta}\ln\,（\alpha\beta)$；$b=\dfrac{1}{\beta}$。其中，$\beta$ 为与活化能有关的常数；α 为吸附速率常数。

Elovich 模型可用于描述吸附过程中的化学吸附现象，但该模型未能提供与吸附有关的明确机制，只可用于显示化学吸附在吸附过程中的参与情况。准二级动力学模型和 Elovich 模型的组合提供了对吸附机制的清晰见解，可以解释吸附位点和吸附质之间的化学键合。

在固–液吸附过程中，薄膜扩散和颗粒内扩散在动力学吸附过程中起着重要作用，因此，构建了韦伯–莫里斯（Weber-Morris）模型来描述吸附过程。Weber-Morris

模型假设扩散阻力只在吸附开始时很短一段时间内存在，且物质扩散方向是随机的，吸附质浓度不随颗粒浓度的变化而改变。

Weber-Morris 模型的公式如下：

$$Q_t = k_{\ln t} t^{1/2} \qquad\qquad (1\text{-}23)$$

式（1-23）改写成线性形式：

$$\lg Q_t = \lg k_{\ln t} + \lg t^{1/2} \qquad\qquad (1\text{-}24)$$

式中，$k_{\ln t}$ 为粒子内扩散速率常数；t 为时间。

由于在预实验中使用 Weber-Morris 模型拟合效果较差，因此本书未采用 Weber-Morris 模型拟合动力学数据。

1.2.3　研究展望

国内外众多学者在泥沙絮凝行为、沉积物表面性质、沉积物与污染物的相互作用等方面的研究中做出了卓越的贡献，取得了大量研究成果，部分理论成果也应用于实际，为河流水库调度、水环境治理、污染物预测模拟等方面提供了重要支撑。虽然近几十年来已取得大量研究成果，但由于这些问题涉及水利、生态环境、自然地理、物理、化学等多个学科，不同学科也存在较大的认识差异，因此仍存在许多问题值得解决与探讨，主要表现在如下几个方面：

（1）地域不同，造成水体环境、沉积物性质、生物种类乃至河道形态、功能都有所不同，对于各研究成果的适用性不能一概而论。目前也还未见关于三峡库区黏性泥沙在不同流体剪切（或水流紊动）下的粒径分布的相关研究文献，也并不清楚在什么条件下絮体颗粒物平均粒径最大。

（2）在紊动剪切对泥沙颗粒絮凝发育研究方面，由于一些技术和设备上的问题，国内外的很多实验采用的流速梯度都比较大，很少有实验去揭示流速梯度较小时泥沙颗粒形成絮团的过程及其特性，对低剪切条件下的絮凝发育未见较系统的研究。

（3）目前研究多关注基于吸附总量的吸附关系，结论的给出及分析也多基于表观吸附量，对于吸附过程的探讨较少，对于深层次的吸附机理的研究匮乏，对于吸附质（磷等污染物）、吸附剂（沉积物、土壤等）的表面性质、表面状态以及吸附前后的微观形态变化的研究也较少。

（4）研究者过多地关注了泥沙与污染物之间的相互作用及污染物的赋存形态，却忽略了泥沙颗粒本身的变化。一定的水动力条件不仅会使底部泥沙起动悬浮，增加泥沙颗粒与污染物的接触机会，还会使泥沙颗粒之间发生碰撞—黏结—破碎—碰撞的循环过程，这便是泥沙颗粒絮凝的本质，泥沙颗粒的絮凝或絮团的破碎会极大地改变泥沙颗粒的性质，进一步影响泥沙与污染物的相互作用。

1.3 主要内容及技术路线

第 1 章，绪论。主要阐述了研究背景及研究现状，对泥沙絮凝和吸附与解吸的概念、机理、影响因素等做了系统介绍，并对目前较常用的几个等温吸附模型和动力学模型及计算方法做了详细分析，还对现有研究取得的成果做了总结，提出了其中存在的不足及亟待解决的问题。

第 2 章，材料与方法。主要介绍了样品的采集及分析，详细阐述了絮凝沉降装置的研发，以及絮凝实验、吸附–解吸实验方案的确定，并简述了泥沙参数的测量方法、吸附解吸参数测量及计算方法。

第 3 章，三峡库区黏性泥沙在水体紊动作用下的絮凝规律。主要阐述了在紊动条件下泥沙颗粒粒径的变化情况，并以所研发的絮凝沉降装置及六联搅拌器为实验装置，分别研究了低紊动剪切率及高紊动剪切率对泥沙颗粒絮凝的影响，并对结果进行了整合。

第 4 章，三峡库区黏性泥沙特性对絮凝的影响分析。以特征粒径、粒径分布、级配变化等方面为研究点，分析了泥沙含沙量、泥沙粒径、泥沙有机质含量、泥沙电位变化对泥沙颗粒絮凝的影响。

第 5 章，三峡库区黏性泥沙对磷吸附解吸的影响因素。实验设置了不同的剪切率、泥沙浓度、有机质含量梯度，对泥沙颗粒吸附/解吸磷的过程进行了研究，使用等温吸附模型、动力学模型对实验数据进行了拟合，分析了吸附特性的差异及外部条件的改变对吸附模型参数的影响。

第 6 章，结论与建议。

本书的技术路线如图 1-6 所示。

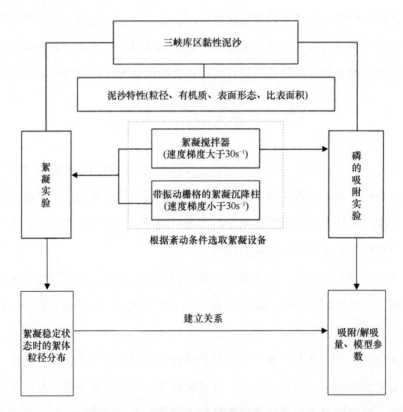

图 1-6　技术路线图

第 2 章　材料与方法

为了研究三峡库区黏性泥沙的絮凝特性及对磷等污染物的吸附/解吸特征，实验设置了多个影响因素，包括泥沙浓度、腐殖质含量、泥沙粒径及剪切率等，每个影响因素设置了相应的梯度，以研究不同强度下的絮凝及吸附解吸差异。

对于絮凝来说，一般用来衡量絮凝效率的过程变量是絮凝物的沉降速率、固体沉降百分比、沉淀物体积、黏度、浊度或上清液澄清度等，但这些效率指标实际上是絮凝过程中产生的絮体的形态和结构的表现，由于絮凝是一个聚集过程，因此絮凝效率最直接、最有效的衡量指标是粒径分布，本书实验主要以絮体粒径分布及特征粒径的变化情况来衡量絮凝效果。另外，以往研究泥沙絮凝沉降所用装置有絮凝搅拌器、沉降柱等，但是都有不同程度的缺陷，如没有振动格珊，不能产生均匀各向同性湍流；沉降柱高度较小，不能达到平衡条件；没有将絮体分离，结合摄像设备实验时，泥沙之间相互干扰较大，不能得到理想的絮体图像等，因此实验采用了一套自主研制的絮凝沉降及观测装置来研究低紊动剪切率下水流紊动对泥沙颗粒絮凝的影响。

而对于吸附及解吸来说，目前研究多关注基于吸附总量的吸附关系，结论的给出及分析也多基于表观吸附量，对于吸附过程的探讨较少，也很少关注动态条件下吸附剂（沉积物、土壤等）的表面性质及微观形态的变化，因此实验在动态吸附条件下，应用了等温吸附模型、动力学模型，结合泥沙颗粒本身状态（粒度分布、比表面积、微观形态）的变化，对三峡库区黏性泥沙对磷的吸附及解吸过程进行了分析。

2.1　样品采集及分析

2.1.1　样品采集

实验用沙主要采自三峡库区长寿、忠县和奉节河段（图 2-1），采样时间为 2017 年 5～6 月。

图 2-1　采样地区

长寿水道长江上游航道里程 580～589km，是三峡库区典型的弯道段，水道河床边界主要由基岩和卵石滩组成，两岸基岩裸露，分布有众多的石梁、礁石和突咀等，其总体控制着该河段河势。河床边界稳定，不易发生变化。三峡水库 156m 蓄水后，长寿水道开始受坝前水位影响。受三峡蓄水影响以来，长寿水道总体表现为微淤，航道关键部位没有出现泥沙累积性淤积现象。

忠县皇华城水道位于长江上游航道里程 402～410km，为著名的"忠州三弯"之一。该河段为弯曲分汊型河段，左槽为主航槽，右槽为副槽，天然河道中副槽上、下口及槽中有大量高大石梁与石盘阻塞，常年不通航。主航槽的右岸是卵石碛坝，以平缓坡度伸向江中，与左岸的大面积淤沙边滩相对峙，使航槽弯曲。主航槽上口左侧有暗礁，下口左侧为乱石坡。天然情况下，枯水期航道弯曲，水浅流急；汛期有大面积的淤沙，走沙时水流湍急。蓄水后，皇华城水道一直处于常年回水区，水位较天然情况下抬升较大，水面展宽，航道条件较天然情况有较大改善，皇华城水道处于弯道出口、皇华城分汊放宽段，出口亦为弯道，整体河形呈"S"状，在上游弯道、分汊放宽、下游岸壁顶托的作用下，天然情况下其为重要的淤沙浅滩，但是天然情况下汛前汛后的冲刷带走大量泥沙，航道基本保持稳定；蓄水以来库区水流条件有较大改变，加上特殊河道地形条件，造成泥沙大量落淤，其成为蓄水以来淤积最严重的河段之一。根据资料显示，三峡水库蓄水以来皇华城水道冲淤变化主要呈现以下特点：皇华城水道总体表现为细沙累积性淤积，左汊淤积较深，右汊表现为有冲有淤、入口淤积、出口冲刷，但冲淤幅度较小，与左汊相比河床地形相对稳定；近年来随着上游来沙量减少，皇华城水道淤积强度减缓。

奉节白帝城河段位于三峡库区下游，临近瞿塘峡，该河段岸壁为基岩，但边坡较平缓，汛期河宽可达 600~800m，是三峡库区下游淤积较为严重的断面，呈汛期淤积、汛后冲刷的周期性冲淤变化。

采用静置沉降的方法取得的悬浮态泥沙量太少，很难取得实验所需的泥沙量，一般来说，悬浮泥沙与河流底部表层泥沙之间不断地进行着动态交换，悬浮泥沙由于重力等作用沉入河底，而河底表层沉积物在水流的作用下也会被重新引入悬浮状态，可以认为悬浮泥沙与河底表层泥沙的物理和化学性质是相似的。因此为了方便采样，使用抓泥斗抓取河底表层泥沙（图 2-2）。

泥沙取回后风干，去除杂质后经 100 目筛分，随后装入棕色瓶，置于冰柜中 4℃保存待用。

2.1.2 样品分析

将采集的长寿、忠县、奉节泥沙样品经风干去除杂质及筛分后，取部分样品用于泥沙特性分析，主要分析项目为级配、矿物组成等。

图 2-2　采样现场图

　　泥沙粒度分布测量使用岛津 SALD-3101 粒度仪。取适量泥沙样品加水混合，使用胶头滴管吸取混合液至粒度仪中检测。使用 Origin Pro2017 软件对数据进行处理，所得的泥沙样品级配曲线如图 2-3 所示。

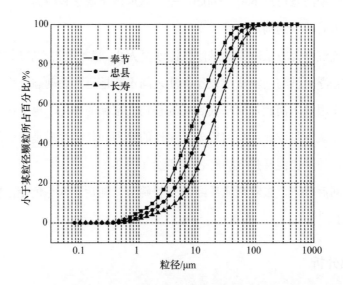

图 2-3　泥沙样品级配曲线

　　使用岛津 X 射线衍射仪 XRD-6100 型进行泥沙颗粒矿物组成测定。样品要求研磨至粉状，过 300 目筛后填入样品架的凹槽中，使粉末试样在凹槽里均匀分布，

并用平整光滑的玻片将其压紧，随后放置于样品台上开始测量。使用 MDI Jade6.5
软件对测定数据进行处理，测定结果见表 2-1。

表 2-1　泥沙矿物组成　　　　　　（单位：%）

地区	石英	钾长石	斜长石	方解石	伊利石	绿泥石
长寿	42.657	6.067	11.524	7.268	25.073	7.411
忠县	31.857	8.437	13.661	14.705	27.658	3.682
奉节	25.463	10.793	7.989	17.744	36.01	2.001

2.2　装　置　研　发

2.2.1　絮凝沉降装置

研发一套絮凝沉降及观测装置分析低速度梯度（$<20s^{-1}$）对黏性泥沙絮凝的
影响，装置主要包括絮凝沉降装置（带有振动栅格产生各向同性均匀紊流）和颗
粒物图像采集系统。絮凝沉降装置包括集水箱、沉降柱、格栅、絮体分离室、电
机和集水箱搅拌器等，如图 2-4 所示。

1. 原水池

原水池长 1.26m、宽 0.98m、高 0.6m，总容积 0.74m³。作为实验泥沙悬浮液
原液的配制和储存池，首先实验前在原水池中配制好实验所需浓度泥沙悬浮液后，
启动原水池中设置的搅拌电机，让其在整个实验中持续搅拌，使得整个实验中进
样泥沙浓度保持一致。其次，在原水池边壁标有水位刻度线，相应地，可求得原
水池中清水容积，方便配制泥沙悬浮液浓度。另外，原水池中还设置有提升泵，
将泥沙原液抽至集水箱中进行絮凝实验（图 2-5）。

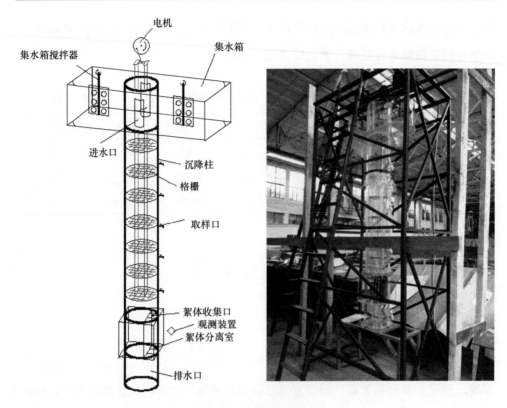

图 2-4　絮凝沉降装置

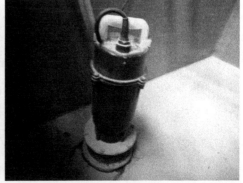

图 2-5　原水池（左）及提升泵（右）

2. 集水箱

集水箱高 0.3m、长 1m，两端由半径 0.2m 的圆弧组成，是泥沙悬浮液进入沉降柱前的中转站，目的是均匀分配进入空心沉降柱的泥沙悬浮液，并且在集水箱中设置有两个可调频搅拌机，目的是使悬浮液时刻保持非絮凝状态。

3. 沉降柱

沉降柱是决定絮凝实验中泥沙停留时间的最主要因素。该装置中所用沉降柱高度 2m，避免了以往的絮凝实验中由于停留时间太短，泥沙不能充分絮凝的不足。沉降柱内径 0.3m，壁厚 1cm，由有机玻璃制成，有耐磨、耐碰撞等优点，在实验中可有效防止格栅运行中的碰撞而造成装置损坏。并且沉降柱上设计有取样口，可在实验中进行取样测量，观测不同深度泥沙絮凝效果（图 2-6）。

图 2-6　沉降柱

4. 格栅

目前研究紊流最为有效的方式就是采用格栅，格栅可以在周围稳定产生同一强度的紊流，并且在格栅运行的流动区域内具有近似各向同性的特点，因此被广泛应用于研究紊流。格栅材料由不锈钢制成，能防止在实验中因长期浸泡在水里而生锈影响使用。该振动装置共设有 7 层格栅，格栅相邻间距 H=25.00cm，底层格栅平衡位置距离絮体分离室入口高度为 15.00cm，每个格栅中相邻栅孔距离 M=5.00cm，格栅栅条厚度 0.50cm，宽度 1.00cm，格栅空隙率为 70%，可产生较稳定均匀紊流场；格栅边缘和筒内壁距离为 2.00cm，能有效避免二次回流的影响。该装置中格栅由电机通过转盘相连，从而上下振动，由此产生紊流，通过调整电机转动速度可以产生不同紊动强度的近似各向同性均匀紊流；格栅振动频率 S=0～6Hz，振幅为 f=1～10cm，频率和振幅皆无级可调（图 2-7）。

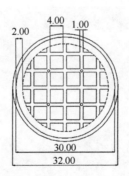

图 2-7　格栅（单位：cm）

5. 絮体分离室

絮体分离室是整个装置连接絮凝测量系统的关键。在实验中絮体颗粒由沉降柱沉降至絮体分离室上方时，由于原始泥沙悬浮液浓度很高，对絮凝测量系统的拍摄会造成很大的干扰，因此只在絮体分离室上方开一个 10mm×10mm 的絮体收集口，实验中开启絮体收集口，并持续分离出不同停留时间下的絮体颗粒，由此可提高絮凝测量系统的拍摄清晰度。絮体分离室背景使用黑色油漆涂抹，可以避免在实验测量中受到分离室外的絮体颗粒干扰。絮体分离室中设置有不锈钢尺，其可作为标定絮凝测量系统拍摄精度的重要换算依据，也可作为后期图像处理中计算絮体粒径的重要依据（图 2-8）。

图 2-8　絮体分离室

6. 电机

电机是絮凝沉降装置中动力的主要来源，不同的动力需求由不同类型的电机提供。装置中使用电机的地方有 3 处，即①格栅运行电机：带动格栅上下运行；②集水箱电机：为集水箱中搅拌机提供动力；③原水池电机：为原水池中搅拌机提供动力（图 2-9）。

7. 矢量变频器

矢量变频器作为调节格栅运行频率的重要部件，是装置实现均匀紊流的关键，

图 2-9　格栅运行电机（左）、集水箱电机（中）、原水池电机（右）

该装置主要通过矢量变频器来调节电机转速，由此控制格栅上下运行的频率，从而达到改变紊动强度的目的。由于不同浓度的实验泥沙达到均匀混合所需要的搅拌强度不同，因此设有矢量变频器来调节集水箱中搅拌器的搅拌速度。该装置中调节格栅运行频率的变频器为 EV100M 矢量变频器（图 2-10）。

图 2-10　矢量变频器（左）、马达调速器（右）

该装置在实验中可以重复产生稳定的、同一强度水平的紊流。这种格栅紊流不存在平均流动，没有平均剪切力，在一定流动区域内具有水平向均匀、近似各向同性的特点。

8. 其他附件

除了以上主要部件以外，絮凝沉降装置的正常运行还有控制板、支撑钢架和扶梯等附件，如图 2-11 所示。其中为了方便控制装置运转，将所有电机的开关和调频器统一装在控制板上。另外，由于装置在运行过程中会产生强烈的振动，为了避免在实验中电机振动对装置造成破坏，特地设置支撑钢架，并在支撑钢架上安装扶梯，以便在实验中上下操作。

(a)控制板   (b)扶梯

图 2-11 其他附件

2.2.2 观测及图像采集装置

絮体图像观测及采集系统由相机、相机接圈、近摄皮腔、镜头、环形 LED 灯、摄影补光灯、控制电脑组成。图像采集装置的连接方式如图 2-12 所示，相机与相机接圈连接，相机接圈连接近摄皮腔的相机端，镜头连接在近摄皮腔的另一端。测量系统下部安装平移台，可使得整个系统前后左右微调。当需要测量振动水箱较低位置的絮凝情况时，图像采集装置整体安装在三脚架上，当需要测量较高位置的絮凝情况时，图像采集装置安装在可升降平台上。

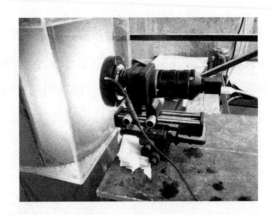

图 2-12　图像采集装置

2.2.3　装置校定

1. 格栅校定

格栅在沉降柱中产生的紊动强度受多种因素的影响，如沉降柱直径、格栅间距、振幅、频率等。由于沉降柱直径和格栅间距等条件不变，因此在实验中通过调节格栅振动频率和振幅就可以达到定量调节紊动剪切率的目的。

为了校定沉降柱中格栅紊动频率与剪切率之间的关系，需要得到不同格栅运行条件下的均方根流速。通过设定不同的振幅和振动频率，采用声学多普勒流速仪（ADV）测量不同条件下格栅中的三维流速，建立紊动流速、格栅振幅和频率以及格栅运行参数之间的关系。图 2-13 给出了不同格栅振幅 S 为 2cm、3cm、4cm 和 5cm（格栅间距 H 等于 25cm，相应 S/H 为 0.08、0.12、0.16 和 0.20），不同格栅振动频率 f=1Hz、1.5Hz、2Hz、2.5Hz、3Hz、3.5Hz、4Hz 时，横向均方根流速和纵向均方根流速的相关关系，由图 2-13 可知，数据点分布在直线两侧，且满足 $\sqrt{u'^2 + v'^2} \approx w'$，总体相对误差值控制在 15% 以内（图 2-13 中虚线所示），可以看作近似各向同性紊流区。

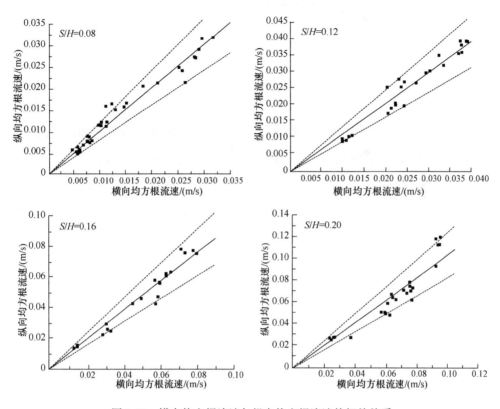

图 2-13　横向均方根流速与纵向均方根流速的相关关系

紊动剪切率计算公式为

$$G=\sqrt{\frac{\varepsilon}{\nu}} \qquad (2\text{-}1)$$

式中，G 为紊动剪切率；ε 为紊动能量耗散率；ν 为流体运动黏滞系数。

紊动能量耗散率 ε 的计算公式为

$$\varepsilon=A\frac{u'^{3}}{l} \qquad (2\text{-}2)$$

式中，A 为常数 1；u' 为横向均方根流速；l 为积分尺度。

紊动场横向均方根流速 u' 和积分尺度 l 可用式（2-3）和式（2-4）计算（Alan and Dong，2010）：

$$\left(\frac{l}{H}\right)\max \approx \begin{cases} 0.045 & S/H \leqslant 0.15 \\ 0.25(S/H) & S/H \geqslant 0.20 \end{cases} \qquad (2\text{-}3)$$

$$u'=BM^{1/2}S^{3/2}f\left[\frac{H}{(H/2)^2-Z^2}\right] \qquad (2\text{-}4)$$

式中，Z 为距格栅层中心位置的距离；B 为经验系数；S 为格栅振幅；f 为振动频率；H 为格栅间距 25.00cm；M 为格栅中相邻栅孔距离 5.00cm。

该装置中 S=3cm，H=25cm，可由式（2-3）得积分尺度 l=1.125cm，如取格栅层中心位置处的紊动剪切率作为近似均匀紊动剪切率，则 Z=0，将已知条件代入式（2-4）得

$$u'=BS^{3/2}M^{1/2}fH^{-3/2} \qquad (2\text{-}5)$$

采用 ADV 测量不同振幅、频率下两层格栅中心处紊动流速，计算均方根流速，绘制不同的 $S^2M^{1/2}fH^{-3/2}$ 和流速之间的关系，可确定经验系数 B 的取值，结果如图 2-14 所示。

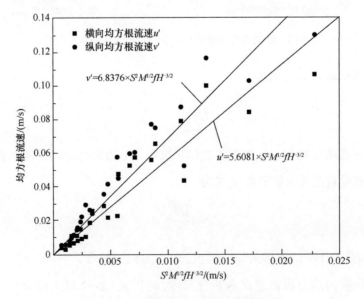

图 2-14　均方根流速和设置参数的关系

由于实验主要研究泥沙的纵向运动，因此可采用纵向均方根流速 v' 来代替横向均方根流速，即

$$u'=v'=6.8376M^{1/2}S^2 fH^{-3/2} \qquad (2\text{-}6)$$

实验中格栅振幅 S 为 3cm，将式（2-6）和 $l = 1.125$cm 代入式（2-2）和式（2-1），可得紊动剪切率 G 与格栅振动频率 f 之间的关系为

$$G=10.854 f^{1.51} \qquad (2\text{-}7)$$

2. 图像采集系统校定

实验使用高速图像采集软件与絮体图像采集系统共同完成絮体照片采集。在高频采样模式下，相机向计算机传输的数据量过大，超出了相机硬盘的存储速率，容易产生丢帧现象。为了避免图像丢帧，该装置配备了加拿大 Norpix 公司推出的高速图像采集软件 StreamPix，安装该软件并完成相机与软件连接后，调节相机参数使得拍摄效果最佳，设置存储参数，然后进行校定。

（1）将图像采集装置的相机镜头对准待测位置，旋转近摄皮腔旋钮，将皮腔拉伸至最长，保证相机和镜头轴线与振动平台玻璃壁面垂直，相机底边水平；

（2）使用 StreamPix 软件打开相机，实时显示相机拍摄的画面，打开环形 LED 灯，调整相机曝光时间，使得画面亮度正常；

（3）小心地整体前后移动测量系统，观察拍摄到的图像，直至拍摄到清晰的振动平台内的颗粒图像为止；

（4）将长钢板尺从振动平台顶部伸入，抵达测量系统拍摄区域，慢慢调整钢板尺位置，直到拍摄到清晰的钢板尺刻度为止；

（5）使用 StreamPix 软件拍摄一张钢板尺刻度的照片，计算测量系统的空间分辨率：

$$\delta=\frac{P}{L} \qquad (2\text{-}8)$$

式中，δ 为空间分辨率；P 为像素个数；L 为拍摄长度，通过读取标尺刻度得到。

设定拍摄照片精度为 2048×1088 像素，对比标尺刻度（图 2-15）范围与像素值，可得照片中的 170 个像素点约为 1mm，即最小可捕捉到的颗粒粒径为 6μm。

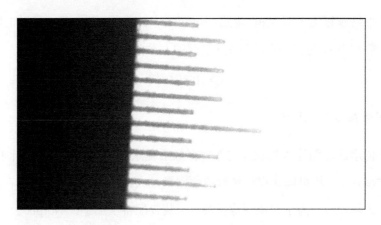

图 2-15　絮体分离室中的标尺（单位：mm）

图像分析采用 ImageJ 软件进行二值化、清除噪点、补全中空后，得到絮体图像，如图 2-16 所示。其中二值化的作用在于将灰度不一的原始图像转化为黑白图像，以便后续处理，如图 2-16（a）所示，由于二值化过程中会将一些模糊噪点识别成絮体颗粒，对后来的絮体统计造成偏差，因此在图像处理中要识别出这些噪点并将其去除，这一过程称为降噪，如图 2-16（b）所示。

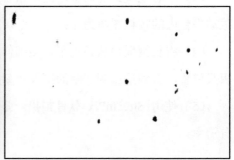

(a)二值化前　　　　　　　　　　　　　(b)二值化后

图 2-16　二值化处理效果

由于粒径分析是先用像素点个数统计出絮体颗粒形态面积，再假设该絮体为圆形，将面积折算为粒径，补全中空的目的主要在于将一些形态不规则的絮体颗粒中空部分进行补全，以便统计出最真实的面积，如图 2-17 所示。

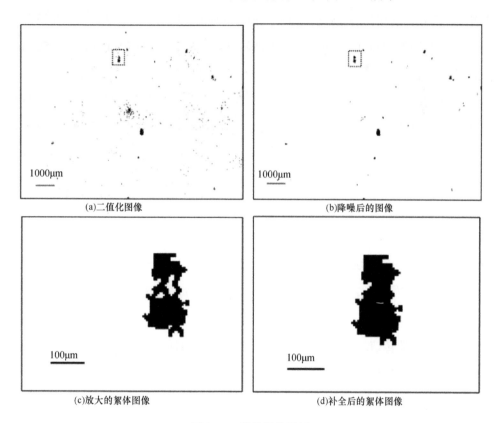

(a)二值化图像   (b)降噪后的图像

(c)放大的絮体图像   (d)补全后的絮体图像

图 2-17 絮体图像示例

2.3 实 验 方 案

2.3.1 絮凝实验

1. 剪切率影响实验

剪切率影响实验主要在絮凝沉降柱及六联搅拌器中进行，絮凝沉降柱用以研究在较低紊动剪切率下（$G<30s^{-1}$）泥沙颗粒的絮凝过程及絮凝效果，六联搅拌器用以进行较高紊动剪切率下（$G>30s^{-1}$）泥沙颗粒的絮凝实验。

在低剪切率实验中，设定絮凝沉降柱格栅振幅为 3cm，振动频率分别为 0.5Hz、1.0Hz、1.5Hz 和 2.0Hz，对应的剪切率分别为 $3.84s^{-1}$、$10.85s^{-1}$、$19.94s^{-1}$ 和 $30.07s^{-1}$，分别设置 0.3g/L、0.6g/L、1.0g/L 三个泥沙浓度，设备持续运行 250min，每隔 50min 取样 200 张图像使用 ImageJ 软件进行分析，每组工况共计 1000 张图像。

高剪切率及其他影响因素实验在六联搅拌器中进行，搅拌器具有简单的编程功能，能把搅拌器的温度传感器放入水样中，实验过程中传感器将所测的水样温度对应的黏度系数引入控制器芯片参与速度梯度的计算。李振亮（2014）对六联搅拌器内的流场进行了数值模拟，结果表明，Kolmogorov 尺度在均值范围内没有数量级的波动，认为可以应用搅拌器计算出的平均速度梯度来研究紊动剪切力对絮体粒径分布的影响。在高剪切率实验中，将搅拌器的转速分别设为 100r/min、200r/min、300r/min、400r/min，得到的速度梯度分别为 $35.5s^{-1}$、$100.7s^{-1}$、$173.8s^{-1}$、$255.8s^{-1}$，泥沙浓度设定为 0.3g/L、0.6 /L、1.0g/L，每个速度梯度下泥沙混合时间为 20min，混合结束后立即移至激光粒度仪检测粒度分布。在其他影响因素实验中，设定搅拌器转速为 80r/min，每组实验泥沙混合时间为 20min，混合结束后立即移至激光粒度仪检测粒度分布。

2. 其他因素影响实验

实验主要在全自动恒温振荡器中进行。为了排除其他因素的干扰，实验用水为去离子水，实验的整个过程保持 19℃恒温（与三峡库区多年平均水温 18.4℃相近），控制水体 pH 为 8±0.5（三峡库区水体多年平均 pH 为 8）。

实验设置了多个影响因素，包括泥沙浓度、腐殖质含量、泥沙粒径等。对于泥沙浓度影响实验不需要对待用沙样进行进一步处理，腐殖质含量影响实验需要对待用沙样进行有机质去除处理，泥沙粒径影响实验需要对待用沙样进行进一步筛分处理。

　　根据实测资料，三峡库区各断面多年平均含沙量为 0.5～2.0g/L，为了贴近实际，泥沙浓度影响实验设置了四个浓度梯度（0.5g/L、1.0g/L、1.5g/L、2.0g/L），将其置于搅拌器中 190r/min 混合 20min，混合结束后立即移至激光粒度仪检测粒度分布。

　　腐殖质是土壤和沉积物中有机质的主要组成部分，其易溶于中性、弱酸性和弱碱性介质中，并以络合物形式迁移，具有适度的黏结性，是形成团粒结构的良好胶结剂（吴启堂，2015）。刘启贞（2007）对长江水体及沉积物腐殖质含量进行了测定，结果显示长江水体腐殖质含量为 0.137～0.470mg/L，沉积物腐殖质含量为 1.522～3.979mg/g。在腐殖质影响实验的预实验中，添加的腐殖质浓度为 0～3mg/L，但各梯度显示的结果无明显差异，因此实验提高了腐殖质浓度，将其设定为 0、5mg/L、10mg/L、15mg/L、20mg/L，泥沙浓度为 1.0g/L，将腐殖质溶液的泥沙置于搅拌器中 190r/min 混合 20min，混合结束后立即移至激光粒度仪检测粒度分布。为了排除其他因素的干扰，实验前用 H_2O_2 对实验所用沙进行处理，以完全清除泥沙颗粒原有的有机质。

　　粒径影响实验需要对待用沙样进一步筛分，将待用沙样分别通过 100 目、300目、500 目及 800 目筛，将筛分后得到的四组沙样作为粒径影响实验沙样，泥沙浓度为 1.0g/L，将其置于搅拌器中 190r/min 混合 20min，混合结束后立即移至激光粒度仪检测粒度分布。

　　在电位影响实验中，设置不同浓度的 NaCl、$CaCl_2$、$MgSO_4$、$AlCl_3$，随后通过 Zeta 电位仪测定泥沙颗粒的电位，研究不同浓度下不同价态的阳离子对泥沙颗粒表面 Zeta 电位的影响，并结合在相同条件下泥沙颗粒的絮凝情况，建立 Zeta电位的改变与泥沙颗粒絮凝的相关关系。

　　絮凝实验组次统计见表 2-2。

表 2-2　絮凝实验组次统计表

梯度	泥沙浓度 / (g/L)	腐殖质浓度 / (mg/L)	粒径 /μm	阳离子（Na^+/Mg^{2+}/Ca^{2+}/Al^{3+}) / (mmol/L)	温度 /℃	pH
1	0.5	0	18	0.01	19	8±0.5
2	1.0	5	25	0.05	19	8±0.5
3	1.5	10	48	0.1	19	8±0.5
4	2.0	15	150	0.5	19	8±0.5
5	—	20		1	19	8±0.5
6	—	—		10	19	8±0.5

2.3.2　吸附解吸实验

磷标准储备溶液的制备：根据国家环境保护局颁布的《水质总磷的测定》（GB 11893—89），用电子天平称取 0.2197±0.001g 于 110℃干燥 2h 在干燥器中放冷的磷酸二氢钾（KH_2PO_4），用去离子水将其溶解后转移至 1000mL 的容量瓶中，加入 800mL 水，加入 5mL 硫酸用水稀释至标线并混匀，1mL 此溶液含 50μg 磷，此溶液在棕色瓶中可储存六个月。将磷标准储备溶液转移并稀释至需要浓度即可得到磷使用溶液，磷使用溶液在使用当天配置。

为了研究泥沙颗粒絮凝后对磷等污染物的吸附解吸规律，将吸附解吸实验的用沙条件及影响因素设置得与絮凝实验一致。

1. 动力学吸附实验

磷酸盐起始浓度 1mg/L，泥沙浓度及实验条件由设置的相应影响因素确定，将磷酸盐溶液和泥沙于振荡器中混合，混合时间 48h，分别于 0.5h、1h、2h、3h、4h、6h、9h、12h、24h、36h、48h 取样，经 0.45μm 滤膜抽滤后测定滤液中磷酸盐浓度，重复三次取均值，根据起始浓度与样本浓度差值计算磷酸盐吸附量，其计算公式如下：

$$Q_t = \frac{C_0 - C_t}{m} \times V \tag{2-9}$$

式中，Q_t 为 t 时刻吸附量，mg/g；C_0 为磷初始浓度，mg/L；C_t 为 t 时刻磷浓度，mg/L；m 为泥沙质量，g；V 为溶液体积，L。

2. 等温吸附实验

磷酸盐起始浓度取 13 个（0.2～2.6mg/L），泥沙浓度及实验条件由设置的相应影响因素确定，将磷酸盐和泥沙置于振荡器中混合，混合时间 48h，经 0.45μm 滤膜抽滤后测定滤液中磷酸盐浓度，重复三次取均值，根据起始浓度与样本浓度差值计算磷酸盐吸附量，其计算公式如下：

$$Q_e = \frac{C_0 - C_e}{m} \times V \qquad (2\text{-}10)$$

式中，Q_e 为平衡吸附量，mg/g；C_e 为磷平衡浓度，mg/L。

3. 动力学解吸实验

磷酸盐起始浓度 1mg/L，泥沙浓度 1.0g/L，将磷酸盐和泥沙置于振荡器中混合 3 天，使得泥沙能够最大限度地吸附磷，混合结束后进行水沙分离并烘干待用。

称取一定质量的待用泥沙，加入去离子水，泥沙浓度及实验条件由设置的相应影响因素确定，将磷酸盐和泥沙置于振荡器中解吸，解吸时间 48h，分别于 0.5h、1h、2h、3h、4h、6h、9h、12h、24h、36h、48h 取样，经 0.45μm 滤膜抽滤后测定滤液中磷酸盐浓度，重复三次取均值，根据起始浓度与样本浓度差值计算磷酸盐解吸量，计算方法同动力学吸附实验。

2.3.3　泥沙参数测量方法

1. 泥沙矿物组成测定

使用岛津 X 射线衍射仪 XRD-6100 型（图 2-18）进行泥沙颗粒矿物组成测定。

样品要求研磨至粉状，过 300 目筛后填入样品架的凹槽中，使粉末试样在凹槽里均匀分布，并用平整光滑的玻片将其压紧，随后放置于样品台上开始测量。使用 MDI Jade6.5 软件对测定数据进行处理。

图 2-18　岛津 X 射线衍射仪 XRD-6100 型

2. 泥沙有机质含量测定

将坩埚在 95℃烘箱（图 2-19）内烘干至恒重，称其质量记为 M_1，称取 10g 烘干的样品泥沙放入坩埚，称其质量记为 M_3，随后将其移入 SX2-8-10 型箱式电阻炉中在 550℃下恒温灼烧 2h，之后关掉电源，待炉内温度降至 100℃左右时取出样品，放入干燥器，冷却后称重，其质量记为 M_2，每个样品做三组平行试验。泥沙有机质含量的计算公式如下：

$$W_{\text{LOI}} = \frac{M_3 - M_2}{M_3 - M_1} \times 100\% \qquad (2\text{-}11)$$

式中，W_{LOI} 为土壤烧失质量分数，%；M_1 为灼烧后空坩埚质量，g；M_2 为灼烧后样品加坩埚质量，g；M_3 为灼烧前坩埚加干样质量，g。

图 2-19　烘箱

3. 泥沙颗粒粒度分布测定

低剪切率絮凝实验使用 ImageJ 软件对絮体图像进行处理。ImageJ 是一款基于 Java 语言开发的开源图像处理软件，它能够显示、编辑、分析、处理、保存、打印 8 位、16 位和 32 位的图像，并且支持 JPEG、BMP、TIFF 和 DICOM 等多种格式，最重要的是 ImageJ 软件能提供以长度单位（如 mm）的尺寸度量空间校准的功能以及对图像的区域面积和像素个数统计的功能，因此能用于计算絮体面积和絮体粒径。

其余实验的泥沙粒度分布测量使用岛津 SALD-3101 粒度仪（图 2-20）及马尔文 MS-2000 激光粒度仪检测。取适量泥沙样品加水混合，使用胶头滴管吸取混合液至粒度仪中检测。使用 Origin Pro2017 软件对数据进行处理。

4. 泥沙颗粒表面形态观测

使用日立 S-3400N 扫描电子显微镜（图 2-21）进行颗粒微观形态观测。用导电胶把干燥后的泥沙样品颗粒黏附在铝制托盘上，之后用离子溅射镀膜仪进行喷金处理，在加速电压 2.0kV 下进行观测。

图 2-20　岛津 SALD-3101 粒度仪

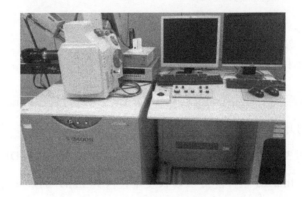

图 2-21　日立 S-3400N 扫描电子显微镜

5. 泥沙颗粒表面特性测量

使用康塔 QUADRASORB-SI 全自动比表面积与孔隙度分析仪（图 2-22）对泥沙颗粒比表面积及孔隙情况进行测量。样品要求为粉末状，称取适量样品于 200℃下脱气 2h，冷却后在 N_2 条件下进行 N_2 吸附–脱附操作，采用 BET（Brunauer-Emmett-Teller）方法，通过设置不同 N_2 分压，测量数组泥沙的多层吸附量，再由 BET 方程进行线性拟合，从而计算出被测样品的比表面积，通过 BJH（Barrett-Joyner-Halenda）方法，用脱附数据计算孔容孔径。

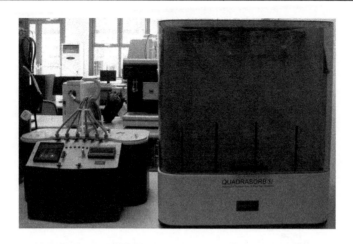

图 2-22　康塔 QUADRASORB-SI 全自动比表面积与孔隙度分析仪

2.3.4　吸附解吸参数测量及计算方法

1. 水体磷浓度测定

根据国家环境保护局颁布的《水质总磷的测定》（GB 11893—89），使用钼酸铵分光光度法测定水体磷浓度，该方法的基本原理是：在中性条件下用过硫酸钾使试样消解，将其中所含磷全部氧化为正磷酸盐，随后在酸性介质（抗坏血酸）中，正磷酸盐与钼酸铵发生反应，在酒石酸锑钾存在的情况下生成磷钼杂多酸后，立即被抗坏血酸还原，生成蓝色的络合物。该方法的主要操作步骤如下：取 25mL 样品于 50mL 具塞比色管中，向管中加入 4mL 过硫酸钾，将具塞比色管用布扎紧放入大烧杯后置于高压蒸汽消毒器中加热消解，待压力达到 $1.1kg/cm^2$、温度达到 120℃时开始计时，消解 30min，待压力降至 0 后取出烧杯放冷，用水稀释至标线，随后加入 1mL 抗坏血酸混匀，30s 后加 2mL 钼酸盐溶液混匀，室温下发色 15min，使用光程为 30mm 的比色皿，在 700nm 波长下，以纯水作参比测定吸光度，扣除空白实验的吸光度后，从磷标准曲线（图 2-23）上查得磷的浓度。

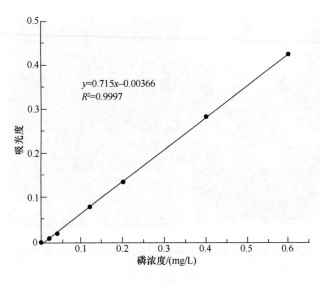

图 2-23　磷标准曲线

磷标准曲线水样的配制及测定方法与试样的配制及测定方法一致，得到的磷浓度与吸光度的对应关系及拟合结果如图 2-23 所示。

2. 参数计算及拟合方法

常用的几种模型在第 1 章 1.2.2 节中已有介绍。本节采用其中的 Langmuir、Freundlich 及 Tempkin 模型来拟合等温吸附数据，采用准一级动力学模型、准二级动力学模型和 Elovich 模型来拟合动力学吸附/解吸过程。

第3章 三峡库区黏性泥沙在水体紊动作用下的絮凝规律

在研究黏性泥沙在水体紊动的絮凝过程中，絮体粒径分布是最重要的参考指标。在一定紊动剪切力作用下，当絮体的聚合和破碎达到平衡时，絮体粒径分布便趋于稳定。研究者普遍认为低剪切率条件会促进絮凝，而高剪切率条件则会抑制絮凝。Gratio 和 Manning（2002）通过单层格栅产生紊流场对河口泥沙絮凝特性进行了研究，认为水流剪切率为 $3\sim19s^{-1}$ 时，水流紊动对泥沙絮凝起促进作用。Mietta 等（2009）利用沉降筒和烧杯分别对高岭土在紊动条件下的絮凝特性进行研究，认为当剪切率为 $20s^{-1}$ 左右时，絮体粒径最大。乔光全（2013）利用多层格栅对高岭土在盐水和淡水中的絮凝特性进行研究，发现在盐水中剪切率为 $20.8s^{-1}$ 时絮体粒径最大，在淡水中剪切率为 $15.6s^{-1}$ 时絮体粒径最大。但以上研究多局限于高岭土等模型沙或者只采用单层格栅对泥沙絮凝特性进行研究，并且也鲜见对于三峡库区黏性泥沙在紊动剪切力作用下的絮凝试验研究的报道。

在第 2 章实验装置建立及特性研究的基础上，本章 3.1 节阐明了针对长寿、忠县和奉节河段黏性泥沙（简称泥沙），在低紊动剪切力作用下，絮体粒径的变化过程及规律。3.2 节阐明了在高紊动剪切率的影响下，絮凝达到平衡状态时泥沙絮体的粒径分布情况。3.3 节对本章的研究结果进行整合分析。

3.1 低水体紊动作用下的絮凝规律

一般来说，低水体紊动作用下，泥沙颗粒运动减缓，絮团颗粒能够维持较松散的形态，絮凝作用加强。唐建华（2007）分析了长江口悬浮泥沙的粒径分布及流速数据，认为当流速小于 42cm/s 时细颗粒泥沙组分减小，而当流速大于 42cm/s 时细颗粒泥沙组分逐渐增大。另外，三峡库区水体的紊动剪切率也多在 $30s^{-1}$ 内，故絮凝沉降柱实验主要研究速度梯度在 $0\sim30s^{-1}$ 的泥沙絮凝情况。为了探究在低水体紊动作用下三峡库区黏性泥沙的絮凝过程，本章实验分别设置 0.3g/L、0.6g/L、1.0g/L 三个浓度和 $3.84s^{-1}$、$10.85s^{-1}$、$19.94s^{-1}$、$30.07s^{-1}$ 四个紊动剪切条件；每个河段 12 组工况，共计 36 组工况。每隔 10min 取样 200 张图像进行分析，实验时间 250min，每组工况共计 5200 张图像。由于实验中取样点只有一个，且实验具有不可重复性，将所观测到的最大的一颗絮体粒径作为当前停留时间下的最大粒径可能会造成较大误差，因此将 $D_{f,95}$ 作为最大粒径来研究分析，即将该样本统计后取最大的前 5%的絮体求平均值，该平均值为该样本下的最大粒径 $D_{f,95}$。

3.1.1　絮体粒径变化历程

1. 长寿河段泥沙

长寿河段泥沙絮体最大粒径 $D_{f,95}$ 随停留时间的变化规律如图 3-1 所示，基本呈现先快速增大后缓慢减小的趋势，最后均能在一定停留时间后达到平衡，即 $D_{f,95}$ 不再随停留时间的变化而变化。从第一次取样就能观测到较大絮体粒径，说明长寿河段泥沙在紊动水体中能快速絮凝，在进入絮体分离室前能够絮凝形成较大的絮体。

停留时间与颗粒粒径相关，颗粒粒径越大，其沉降速率越快，停留时间越短。因此，从絮凝沉降实验开始，在沉降柱底部的絮体分离室观测到的絮体颗粒中多是沉降速率较快的大粒径絮体。而后随实验时间变长，更多的小粒径絮体也进入絮体分离室；当沉降柱中泥沙量保持平衡时，絮体最大粒径 $D_{f,95}$ 的变化也趋于稳定，表明絮凝达到平衡状态。实验中，长寿河段泥沙絮凝达到平衡的停留时间在 200min 左右。

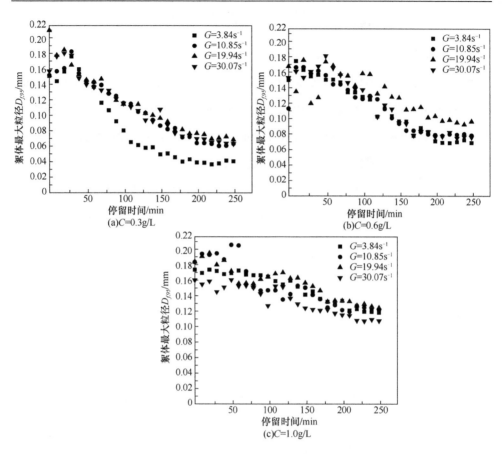

图 3-1　长寿河段泥沙絮体最大粒径 $D_{f,95}$ 随停留时间的变化规律

长寿河段泥沙絮凝达到平衡状态时的絮体最大粒径 $D_{f,95}$（即平衡类径）与 G 值和泥沙浓度 C 之间的关系见表 3-1。

表 3-1　长寿河段泥沙絮体平衡粒径与 G 值关系

G/s^{-1}	0.3g/L	0.6g/L	1.0g/L
3.84	0.041mm	0.075mm	0.122mm
10.85	0.064mm	0.084mm	0.126mm
19.94	0.074mm	0.097mm	0.130mm
30.07	0.067mm	0.092mm	0.111mm

当泥沙浓度为 0.3g/L 时，不同剪切率（3.84s^{-1}、10.85s^{-1}、19.94s^{-1} 和 30.07s^{-1}）下絮体平衡粒径分别约为 0.041mm、0.064mm、0.074mm 和 0.067mm；当泥沙浓度为 0.6g/L 时，不同剪切率下絮体平衡粒径分别约为 0.075mm、0.084mm、0.097mm 和 0.092mm；当泥沙浓度为 1.0g/L 时，不同剪切率下絮体平衡粒径分别约为 0.122mm、0.126mm、0.130mm 和 0.111mm。由此说明，长寿河段泥沙在实验中泥沙浓度为 0.3～1.0g/L 时，随泥沙浓度增大，絮体平衡粒径逐渐增大。

当剪切率小于 19.94s^{-1} 时，$D_{f,95}$ 随剪切率的增大而逐渐增大，当剪切率为 19.94s^{-1} 时达到最大。此时，不同浓度的泥沙（0.3g/L、0.6g/L 和 1.0g/L）絮凝后的 $D_{f,95}$ 分别约为 0.074mm、0.097mm、0.130mm，表明泥沙浓度越大，泥沙颗粒聚合的概率越大，絮凝后的絮体粒径越大。当剪切率为 30.70s^{-1} 时，$D_{f,95}$ 变小，分别约为 0.067mm、0.092mm、0.111mm，表明剪切率对泥沙絮凝后的粒径分布影响较大。

2. 忠县河段泥沙

忠县河段泥沙絮体最大粒径 $D_{f,95}$ 随停留时间的变化规律如图 3-2 所示，其基本呈现先快速增大后缓慢减小的趋势，最后均能在一定停留时间后达到平衡，即 $D_{f,95}$ 不再随停留时间的变化而变化。从第一次取样就能观测到较大絮体粒径，说明忠县河段泥沙在紊动水体中能快速絮凝，在进入絮体分离室前能够絮凝形成较大的絮体。

如图 3-2 所示，当泥沙浓度为 0.3g/L、0.6g/L 和 1.0g/L 时，不同剪切率（3.84s^{-1}、10.85s^{-1}、19.94s^{-1} 和 30.07s^{-1}）条件下，忠县河段泥沙絮凝达到平衡的停留时间均在 150min 左右。

忠县河段泥沙絮体粒径变化趋于稳定后的絮体最大粒径 $D_{f,95}$ 与 G 值之间的关系见表 3-2。

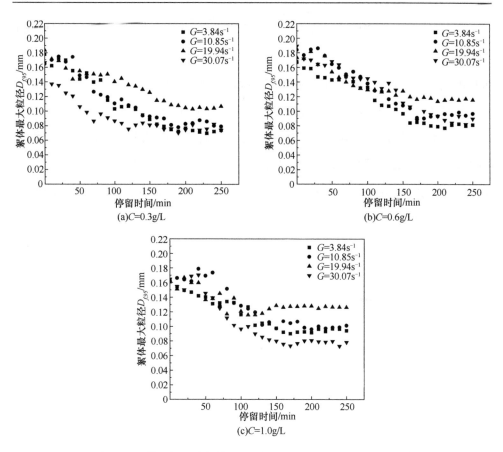

图 3-2　忠县河段泥沙絮体最大粒径 $D_{f,95}$ 随停留时间的变化规律

表 3-2　忠县河段泥沙絮体平衡粒径与 G 值关系

G/s^{-1}	0.3g/L	0.6g/L	1.0g/L
3.84	0.073mm	0.081mm	0.094mm
10.85	0.085mm	0.096mm	0.101mm
19.94	0.103mm	0.115mm	0.126mm
30.07	0.076mm	0.089mm	0.078mm

当泥沙浓度为 0.3g/L 时，不同剪切率（3.84s^{-1}、10.85s^{-1}、19.94s^{-1} 和 30.07s^{-1}）下絮体平衡粒径分别约为 0.073mm、0.085mm、0.103mm 和 0.076mm；当泥沙浓

度为 0.6g/L 时,不同剪切率下絮体平衡粒径分别约为 0.081mm、0.096mm、0.115mm 和 0.089mm;当泥沙浓度为 1.0g/L 时,不同剪切率下絮体平衡粒径分别约为 0.094mm、0.101mm、0.126mm 和 0.078mm。由此说明,忠县河段泥沙在实验中泥沙浓度为 0.3～1.0g/L 时,随泥沙浓度增大,絮体平衡粒径逐渐增大。

当剪切率小于 19.94s^{-1} 时,$D_{f,95}$ 随剪切率的增大而逐渐增大,当剪切率为 19.94s^{-1} 时达到最大。此时,不同浓度的泥沙(0.3g/L、0.6g/L 和 1.0g/L)絮凝后的 $D_{f,95}$ 分别约为 0.103mm、0.115mm、0.126mm,表明泥沙浓度越大,泥沙颗粒聚合的概率越大,絮凝后的絮体粒径越大。当剪切率为 30.70s^{-1} 时,$D_{f,95}$ 变小,分别约为 0.076mm、0.089mm、0.078mm。

3. 奉节河段泥沙

图 3-3 为奉节河段泥沙絮体最大粒径 $D_{f,95}$ 随停留时间的变化规律,也类似于长寿河段和忠县河段泥沙絮体粒径的变化规律,其基本呈现先快速增大后缓慢减小的趋势,最后均能在一定停留时间后达到平衡,奉节河段泥沙在絮凝实验中达到平衡的时间约在 180min 左右,即停留时间在 180min 后絮体最大粒径 $D_{f,95}$ 随停留时间变化较小,基本稳定在一个值附近。

奉节河段泥沙絮体粒径变化趋于稳定后的絮体最大粒径 $D_{f,95}$ 与 G 值之间的关系见表 3-3。

当泥沙浓度为 0.3g/L 时,不同剪切率(3.84s^{-1}、10.85s^{-1}、19.94s^{-1} 和 30.07s^{-1})下絮体平衡粒径分别约为 0.052mm、0.063mm、0.074mm 和 0.059mm;当泥沙浓度为 0.6g/L 时,不同剪切率下絮体平衡粒径分别约为 0.071mm、0.080mm、0.099mm 和 0.079mm;当泥沙浓度为 1.0g/L 时,不同剪切率下絮体平衡粒径分别约为 0.091mm、0.103mm、0.114mm 和 0.093mm。由此说明,奉节河段泥沙在实验中泥沙浓度为 0.3～1.0g/L 时,随泥沙浓度增大,絮体平衡粒径逐渐增大,表明泥沙浓度越大,泥沙颗粒聚合的可能性越大,絮凝后的絮体粒径越大。

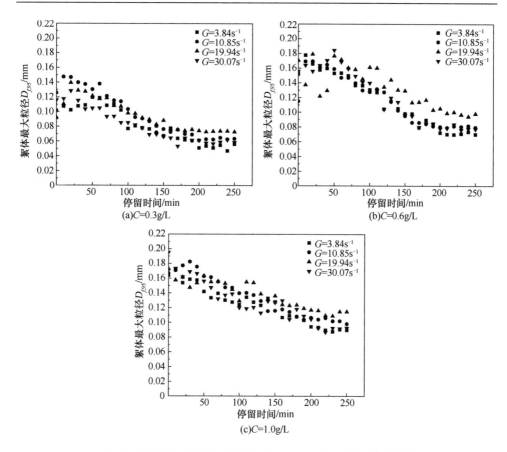

图 3-3　奉节河段泥沙絮体最大粒径 $D_{f,95}$ 随停留时间的变化规律

表 3-3　奉节河段泥沙絮体平衡粒径与 *G* 值关系

G/s^{-1}	0.3g/L	0.6g/L	1.0g/L
3.84	0.052mm	0.071mm	0.091mm
10.85	0.063mm	0.080mm	0.103mm
19.94	0.074mm	0.099mm	0.114mm
30.07	0.059mm	0.079mm	0.093mm

当剪切率小于 19.94s^{-1} 时，$D_{f,95}$ 随剪切率的增大而逐渐增大，当剪切率为 19.94s^{-1} 时达到最大。此时，不同浓度的泥沙（0.3g/L、0.6g/L 和 1.0g/L）絮凝后

的 $D_{f,95}$ 分别约为 0.074mm、0.099mm、0.114mm；当剪切率增大至 30.70s^{-1} 时，$D_{f,95}$ 变小，分别约为 0.059mm、0.079mm、0.093mm，表明剪切率对泥沙絮凝后的粒径分布影响较大。

4. 讨论

图 3-4 为泥沙浓度 C 分别为 0.3g/L、0.6g/L 和 1.0g/L，剪切率 G 值分别为 3.84s^{-1}、10.85s^{-1}、19.94s^{-1} 和 30.07s^{-1} 时长寿、忠县和奉节河段泥沙絮凝平衡时最大粒径 $D_{f,95}$ 的变化规律。由图 3-4 可知，当剪切率低于 19.94s^{-1} 时，各河段泥沙絮凝平衡时最大粒径 $D_{f,95}$ 随剪切率的增大而逐渐增大，当剪切率为 19.94s^{-1} 时达最大，表明三峡库区黏性泥沙絮凝的临界剪切率为 19.94s^{-1}。如图 3-4（a）所示，在泥沙浓度为 0.3g/L 条件下，长寿、忠县和奉节河段泥沙絮凝平衡时最大粒径 $D_{f,95}$ 分别为 0.074mm、0.103mm 和 0.074mm；如图 3-4（b）所示，在浓度为 0.6g/L 条件下，长寿、忠县和奉节河段泥沙絮凝平衡时最大粒径 $D_{f,95}$ 分别为 0.097mm、0.115mm 和 0.099mm；如图 3-4（c）所示，在浓度为 1.0g/L 条件下，长寿、忠县和奉节河段泥沙絮凝平衡时最大粒径 $D_{f,95}$ 分别为 0.130mm、0.126mm 和 0.114mm。其中，当泥沙浓度为 0.3g/L 和 0.6g/L 时，忠县河段泥沙絮凝平衡时最大粒径 $D_{f,95}$ 远大于长寿和奉节河段，此时长寿和奉节河段泥沙絮凝平衡时最大粒径 $D_{f,95}$ 相差不大；当泥沙浓度为 1.0g/L 时，长寿河段泥沙絮凝平衡时最大粒径 $D_{f,95}$ 远比忠县和奉节河段大，说明在泥沙浓度较低时，忠县河段泥沙絮凝后相对长寿和奉节河段沉降速率更大，更容易发生淤积。长寿河段在泥沙浓度较大时更容易发生淤积。

表 3-4 给出了三峡库区黏性泥沙浓度在 0.3g/L、0.6g/L 和 1.0g/L 条件下絮凝平衡时絮体最大粒径 $D_{f,95}$ 与其他相关研究的成果。由表 3-4 可知，三峡库区的黏性泥沙絮体最大粒径基本与长江口絮体最大粒径有一定差别，分析原因是本节给出的泥沙浓度分别为 0.3g/L、0.6g/L 和 1.0g/L，絮凝平衡时絮体的最大粒径、泥沙初始浓度不同，絮凝后的最大絮体平衡粒径也不同。

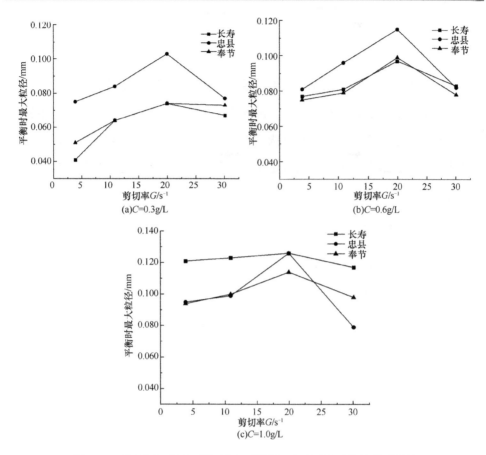

图 3-4　不同浓度下各河段泥沙在不同剪切率时平衡时粒径关系曲线

表 3-4　黏性泥沙絮凝后絮体粒径的相关研究结果

研究者	采样断面	最大粒径 $D_{f,95}$/μm	测量方法
李九发等（2008）	长江口	107	现场激光粒度分析仪
陈锦山等（2011）	长江沿线	71.5	现场激光粒度分析仪
郭超和何青（2014）	长江中下游	94	现场激光粒度分析仪
李文杰等（2015）	三峡库区（忠县河段）	80	絮凝图像采集系统
本节结果	三峡库区（长寿河段）	41～126	絮凝图像采集系统
	三峡库区（忠县河段）	73～126	絮凝图像采集系统
	三峡库区（奉节河段）	52～114	絮凝图像采集系统

3.1.2　絮体粒径分布变化

对于絮凝来说，一般用来衡量絮凝效率的过程变量是絮凝物的沉降速率、固体沉降百分比、沉淀物体积、黏度、浊度或上清液澄清度等，但这些效率指标是絮凝过程中产生的絮体的形态和结构的表现，由于絮凝是一个聚集过程，因此絮凝效率最直接、最有效的衡量指标是粒径分布。本节主要通过分析絮体粒径分布的变化情况来衡量絮凝效果。

1. 长寿河段泥沙

图 3-5 展示了泥沙浓度为 1.0g/L 时，不同剪切率下长寿河段泥沙絮体的粒径分布情况。当 G 为 $3.84s^{-1}$ 时，大粒径絮体（粒径大于 96μm）数量在不同时间（50min、100min、150min、200min 和 250min）所占百分比分别为 6.2%、5.1%、7.4%、3.0%和 4.0%[图 3-5（a）]；当 G 为 $10.85s^{-1}$ 时，大粒径絮体数量在不同时间所占百分比分别为 6.3%、10.0%、7.2%、3.0%和 1.5%[图 3-5（b）]；当 G 为 $19.94s^{-1}$ 时，大粒径絮体数量在不同时间所占百分比分别为 11.3%、5.3%、4.7%、5.4%和 3.1%[图 3-5（c）]；当 G 为 $30.07s^{-1}$ 时，大粒径絮体数量在不同时间所占百分比分别为 6.2%、7.5%、5.4%、5.5%和 6.6%[图 3-5（d）]。

不同剪切率及泥沙浓度下长寿河段泥沙大粒径絮体数量百分比情况见表 3-5。

在浓度为 0.3g/L 的条件下，当剪切率较低时（$G = 3.84s^{-1}$），大粒径絮体（大于 96 μm）数量百分比为 0.6%~3.0%；当 G 为 $10.85s^{-1}$ 时，大粒径絮体数量百分比为 0.4%~4.2%；随着剪切率增加，当 G 为 $19.94s^{-1}$ 时，大粒径絮体数量百分比为 1.0%~4.6%；当 G 增至 $30.07s^{-1}$ 时，大粒径絮体数量百分比为 0.5%~4.3%。

在浓度为 0.6g/L 的条件下，当剪切率较低时（$G = 3.84s^{-1}$），大粒径絮体数量百分比为 1.1%~7.1%；当 G 为 $10.85s^{-1}$ 时，大粒径絮体数量百分比为 1.3%~6.4%；

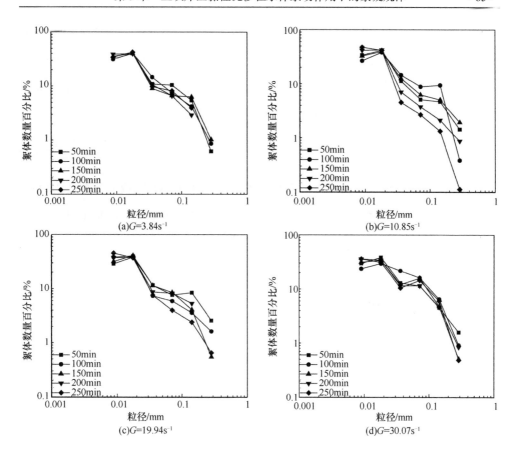

图 3-5　泥沙浓度为 1.0g/L 时不同剪切率下长寿河段泥沙絮体粒径分布

表 3-5　不同剪切率及泥沙浓度下长寿河段泥沙大粒径絮体数量百分比

G/s^{-1}	0.3g/L	0.6g/L	1.0g/L
3.84	0.6%～3.0%	1.1%～7.1%	3.0%～7.4%
10.85	0.4%～4.2%	1.3%～6.4%	1.5%～10.0%
19.94	1.0%～4.6%	1.9%～8.0%	3.1%～11.3%
30.07	0.5%～4.3%	1.1%～7.5%	5.4%～7.5%

随着剪切率增加，当 G 为 19.94s^{-1} 时，大粒径絮体数量百分比为 1.9%～8.0%；当 G 增至 30.07s^{-1} 时，大粒径絮体数量百分比为 1.1%～7.5%。

在浓度为 1.0g/L 的条件下，当剪切率较低时（$G = 3.84s^{-1}$），大粒径絮体数量百分比为3.0%～7.4%；当 G 为 $10.85s^{-1}$ 时，大粒径絮体数量百分比为1.5%～10.0%；随着剪切率增加，当 G 为 $19.94s^{-1}$ 时，大粒径絮体数量百分比为 3.1%～11.3%；当 G 增至 $30.07s^{-1}$ 时，大粒径絮体数量百分比为 5.4%～7.5%。

2. 忠县河段泥沙

图 3-6 展示了泥沙浓度为 1.0g/L 时，不同剪切率下忠县河段泥沙絮体的粒径分布情况。当 G 为 $3.84s^{-1}$ 时，大粒径絮体数量在不同时间（50min、100min、150min、

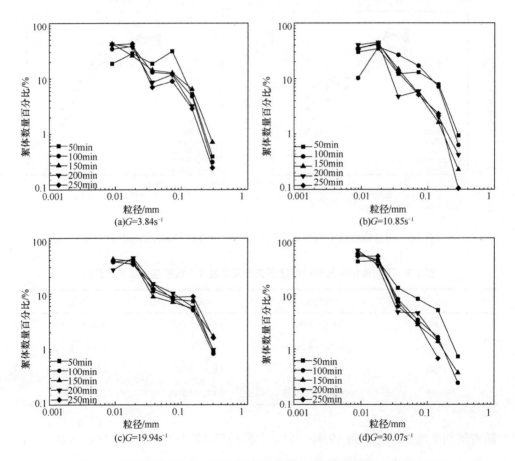

图 3-6　泥沙浓度为 1.0g/L 时不同剪切率下忠县河段泥沙絮体粒径分布

200min 和 250min）所占百分比分别为 0.9%、0.9%、1.0%、0.8%和 2.7%[图 3-6（a）]；当 G 为 10.85s^{-1} 时，大粒径絮体数量在不同时间所占百分比分别为 5.6%、6.9%、2.3%、3.4%和 3.5%[图 3-6（b）]；当 G 为 19.94s^{-1} 时，大粒径絮体数量在不同时间所占百分比分别为 7.1%、1.9%、3.9%、0.6%和 3.5%[图 3-6（c）]；当 G 为 30.07s^{-1} 时，大粒径絮体数量在不同时间所占百分比分别为 2.2%、1.3%、1.2%、1.6%和 2.0%[图 3-6（d）]。

不同剪切率及泥沙浓度下忠县河段泥沙大粒径絮体数量百分比情况见表 3-6。

表3-6　不同剪切率及泥沙浓度下忠县河段泥沙大粒径絮体数量百分比

G/s^{-1}	0.3g/L	0.6g/L	1.0g/L
3.84	0.8%～2.7%	1.7%～6.5%	3.1%～7.0%
10.85	2.3%～5.9%	0.7%～6.1%	1.9%～9.0%
19.94	0.6%～7.1%	2.9%～9.4%	5.7%～10.2%
30.07	1.2%～2.2%	1.3%～8.6%	0.7%～5.6%

在浓度为 0.3g/L 的条件下，当剪切率较低时（$G = 3.84\text{s}^{-1}$），大粒径絮体数量百分比为 0.8%～2.7%；当 G 为 10.85s^{-1} 时，大粒径絮体数量百分比为 2.3%～5.9%；随着剪切率增加，当 G 为 19.94s^{-1} 时，大粒径絮体数量百分比为 0.6%～7.1%；当 G 增至 30.07s^{-1} 时，大粒径絮体数量百分比为 1.2%～2.2%。

在浓度为 0.6g/L 的条件下，当剪切率较低时（$G = 3.84\text{s}^{-1}$），大粒径絮体数量百分比为 1.7%～6.5%；当 G 为 10.85s^{-1} 时，大粒径絮体数量百分比为 0.7%～6.1%；随着剪切率增加，当 G 为 19.94s^{-1} 时，大粒径絮体数量百分比为 2.9%～9.4%；当 G 增至 30.07s^{-1} 时，大粒径絮体数量百分比为 1.3%～8.6%。

在浓度为 1.0g/L 的条件下，当剪切率较低时（$G = 3.84\text{s}^{-1}$），大粒径絮体数量百分比为 3.1%～7.0%；当 G 为 10.85s^{-1} 时，大粒径絮体数量百分比为 1.9%～9.0%；随着剪切率增加，当 G 为 19.94s^{-1} 时，大粒径絮体数量百分比为 5.7%～10.2%；当 G 增至 30.07s^{-1} 时，大粒径絮体数量百分比为 0.7%～5.6%。

3. 奉节河段泥沙

图 3-7 展示了泥沙浓度为 1.0g/L 时,不同剪切率下奉节河段泥沙絮体的粒径分布情况。当 G 为 3.84s^{-1} 时,大粒径絮体数量在不同时间(50min、100min、150min、200min 和 250min)所占百分比分别为 3.7%、1.6%、1.2%、0.7% 和 0.5%[图 3-7 (a)];当 G 为 10.85s^{-1} 时,大粒径絮体数量在不同时间所占百分比分别为 5.0%、2.4%、1.1%、4.4% 和 1.5%[图 3-7 (b)];当 G 为 19.94s^{-1} 时,大粒径絮体数量在不同时间所占百分比分别为 1.6%、2.2%、5.3%、2.7% 和 1.1%[图 3-7 (c)];当

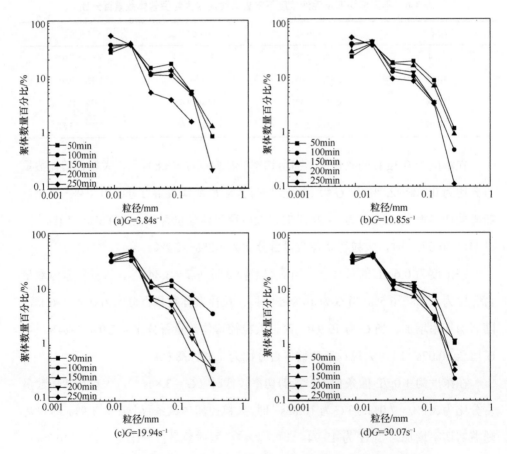

图 3-7　泥沙浓度为 1.0g/L 时不同剪切率下奉节河段泥沙絮体粒径分布

G 为 30.07s^{-1} 时,大粒径絮体数量在不同时间所占百分比分别为 1.7%、2.9%、1.4%、1.4% 和 1.6%[图 3-7（d）]。

不同剪切率及泥沙浓度下奉节河段泥沙大粒径絮体数量百分比情况见表 3-7。

表 3-7　不同剪切率及泥沙浓度下奉节河段泥沙大粒径絮体数量百分比

G/s^{-1}	0.3g/L	0.6g/L	1.0g/L
3.84	0.5%～3.7%	0.4%～2.8%	1.6%～6.4%
10.85	1.1%～5.0%	2.3%～4.3%	3.2%～9.1%
19.94	1.1%～5.3%	5.0%～8.1%	1.1%～11.4%
30.07	1.4%～2.9%	1.2%～4.5%	3.3%～8.4%

在浓度为 0.3g/L 的条件下，当剪切率较低时（$G=3.84s^{-1}$），大粒径絮体（大于 96μm）数量百分比为 0.5%～3.7%；当 G 为 10.85s^{-1} 时，大粒径絮体数量百分比为 1.1%～5.0%；随着剪切率增加，当 G 为 19.94s^{-1} 时，大粒径絮体数量百分比为 1.1%～5.3%；当 G 增至 30.07s^{-1} 时，大粒径絮体数量百分比为 1.4%～2.9%。

在浓度为 0.6g/L 的条件下，当剪切率较低时（$G=3.84s^{-1}$），大粒径絮体数量百分比为 0.4%～2.8%；当 G 为 10.85s^{-1} 时，大粒径絮体数量百分比为 2.3%～4.3%；随着剪切率增加，当 G 为 19.94s^{-1} 时，大粒径絮体数量百分比为 5.0%～8.1%；当 G 增至 30.07s^{-1} 时，大粒径絮体数量百分比为 1.2%～4.5%。

在浓度为 1.0g/L 的条件下，当剪切率较低时（$G=3.84s^{-1}$），大粒径絮体数量百分比为 1.6%～6.4%；当 G 为 10.85s^{-1} 时，大粒径絮体数量百分比为 3.2%～9.1%；随着剪切率增加，当 G 为 19.94s^{-1} 时，大粒径絮体数量百分比为 1.1%～11.4%；当 G 增至 30.07s^{-1} 时，大粒径絮体数量百分比为 3.3%～8.4%。

以上数据表明，在同一泥沙浓度条件下，随着 G 增大，大粒径絮体数量百分比逐渐增大，当 G 为 19.94s^{-1} 时，大粒径絮体数量百分比达最大，随着 G 增至 30.07s^{-1} 时，大粒径絮体数量百分比略有减小。另外，同一剪切率条件下，随着泥沙浓度的增大，大粒径絮体数量百分比逐渐增大，表明泥沙浓度的改变对絮体粒径分布也有很大的影响。

4. 讨论

图 3-8 为泥沙浓度分别为 0.3g/L、0.6g/L 和 1.0g/L，三峡库区上游长寿河段、中游忠县河段和下游奉节河段的泥沙在不同剪切率（3.84s^{-1}、10.85s^{-1}、19.94s^{-1} 和 30.07s^{-1}）时大粒径絮体（粒径大于 0.096mm）数量百分比曲线。当剪切率低于 19.94s^{-1} 时，各河段大粒径絮体含量随剪切率的增大而逐渐增大，当剪切率为 19.94s^{-1} 时

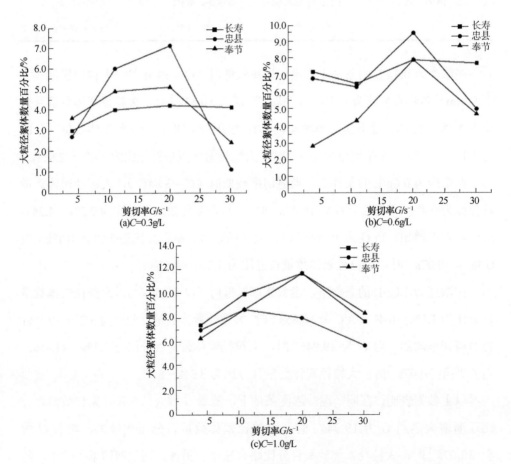

图 3-8　不同泥沙浓度条件下各河段泥沙在不同剪切率时大粒径絮体最大数量百分比曲线

达最大，表明三峡库区黏性泥沙絮凝的临界剪切率为 $19.94s^{-1}$。如图 3-8（a）所示，在浓度为 0.3g/L 的条件下，长寿、忠县和奉节河段泥沙大粒径絮体数量百分比最大分别可达 4.6%、7.1%和 5.3%；如图 3-8（b）所示，在浓度为 0.6g/L 的条件下，长寿、忠县和奉节河段泥沙大粒径絮体数量百分比最大分别可达 8.0%、9.4%和 8.1%；如图 3-8（c）所示，在浓度为 1.0g/L 的条件下，长寿、忠县和奉节河段泥沙大粒径絮体数量百分比最大分别可达 11.3%、8.0%和 11.4%。

3.2　高水体紊动作用下的絮凝规律

高剪切率实验（$G>30s^{-1}$）在六联搅拌器中进行，搅拌器具有简单的编程功能，能把搅拌器的温度传感器放入水样中，实验过程中传感器将所测的水样温度对应的黏度系数引入控制器芯片参与速度梯度的计算。实验将搅拌器的转速分别设为 100r/min、200r/min、300r/min、400r/min，得到速度梯度分别为 $35.5s^{-1}$、$100.7s^{-1}$、$173.8s^{-1}$、$255.8s^{-1}$，泥沙浓度设定为 0.3g/L、0.6g/L、1.0g/L，每个速度梯度下泥沙混合时间为 20min，混合结束后立即移至激光粒度仪检测粒度分布。

3.2.1　长寿河段泥沙

图 3-9 显示了长寿河段泥沙在浓度为 1.0g/L 的条件下，当剪切率 G 从 $35.5s^{-1}$ 逐渐增加到 $255.8s^{-1}$ 时，长寿河段泥沙絮体的粒径分布变化情况。由图 3-9 可以看出，随着剪切率的增加，泥沙絮体的粒径分布发生了较大变化，粒度分布曲线发生左移，大粒径絮体（$>100\mu m$）体积分数明显减小，小颗粒泥沙（$<20\mu m$）体积分数逐渐增大，即随剪切率的增加，泥沙颗粒发生了分散，减少了大颗粒絮体的产生，抑制了泥沙颗粒的絮凝效果。

长寿河段泥沙颗粒特征粒径的变化及拟合情况如图 3-10 所示。d_{10}、d_{25}、d_{50}、d_{75} 及所占体积分数最大的颗粒粒径均发生了较大变化，随着剪切率的增加，

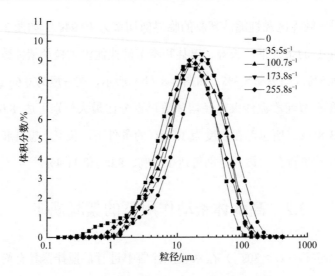

图 3-9   长寿河段泥沙絮体的粒径分布变化

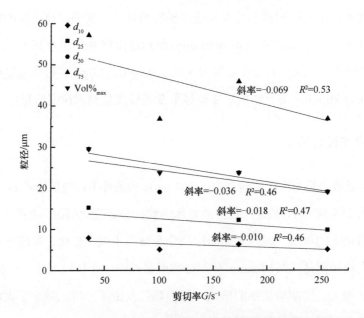

图 3-10   长寿河段泥沙颗粒特征粒径变化及拟合情况

各特征粒径下降幅度为 17%～34%，当剪切率 G 为 35.5s^{-1} 时，所占体积分数最大的颗粒粒径为 29.5μm，而当剪切率 G 增加到 255.8s^{-1} 时，所占体积分数最大的颗粒粒径下降到 19.8μm，降幅近 10μm。且从拟合线的斜率变化可以明显看出，粒径越大变化幅度越大，如剪切率 G 由 35.5s^{-1} 增加到 255.8s^{-1} 时，d_{25} 从 15.2μm 下降到 9.8μm，d_{75} 从 57.1μm 下降到 37.8μm。

　　不同剪切率及泥沙浓度下大粒径絮体占比情况见表 3-8。从表 3-8 中也可以看出，随着剪切率的增加，长寿河段泥沙大粒径絮体占比发生下降，且当剪切率 G 为 35.5～100.7s^{-1} 时下降幅度最大。另外，随着泥沙浓度的增大，在同一剪切率下存在的大粒径絮体占比也有所增加，说明泥沙浓度对泥沙颗粒的絮凝有正向的影响。

表 3-8　不同剪切率及泥沙浓度下长寿河段泥沙大粒径絮体占比

G/ s^{-1}	0.3g/L	0.6g/L	1.0g/L
35.5	3.9%	5.2%	5.6%
100.7	1.4%	1.2%	1.8%
173.8	0.8%	1.4%	0.7%
255.8	0.5%	0.8%	1.0%

3.2.2　忠县河段泥沙

　　图 3-11 显示了忠县河段泥沙在浓度为 1.0g/L 的条件下，当剪切率 G 从 35.5s^{-1} 逐渐增加到 255.8s^{-1} 时，忠县河段泥沙絮体的粒径分布变化情况。由图 3-11 可以看出，随着剪切率的增加，忠县河段泥沙絮体的粒径分布同样发生了较大变化，粒度分布曲线发生左移，大粒径絮体（＞100μm）体积分数明显减小，小颗粒泥沙（＜20μm）体积分数逐渐增大。与长寿河段泥沙不同的是，忠县河段泥沙在剪切率 G 值较高时，曲线明显变宽，峰值降低，细微颗粒增幅较大，说明随剪切率的增加，忠县河段泥沙颗粒发生了明显分散，高紊动剪切率使得大颗粒泥沙絮团含量减少，同时增大了小絮团粒径的分布范围。

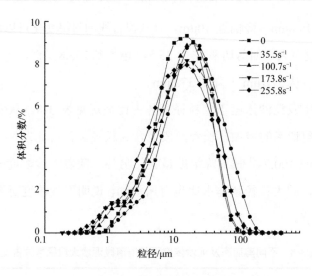

图 3-11　忠县河段泥沙絮体的粒径分布变化

　　忠县河段泥沙颗粒特征粒径的变化及拟合情况如图 3-12 所示。d_{10}、d_{25}、d_{50}、d_{75} 及所占体积分数最大的颗粒粒径 $Vol\%_{max}$ 均发生了较大变化，随着剪切率

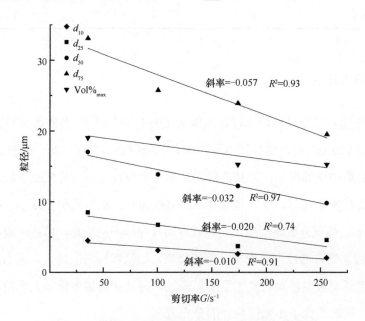

图 3-12　忠县河段泥沙颗粒特征粒径变化及拟合情况

的增加，各特征粒径下降幅度为 20%～55%，当剪切率 G 为 35.5s^{-1} 时，所占体积分数最大的颗粒粒径为 19.0μm，而当剪切率 G 增加到 255.8s^{-1} 时，所占体积分数最大的颗粒粒径为 15.2μm，降幅 3.8μm。且从拟合线的斜率变化可以明显看出，粒径越大变化幅度越大，如剪切率 G 由 35.5s^{-1} 增加到 255.8s^{-1} 时，d_{25} 从 8.4μm 下降到 4.5μm，d_{75} 从 33.0μm 下降到 19.5μm。

不同剪切率及泥沙浓度下大粒径絮体占比情况见表 3-9。从表 3-9 中也可以看出，随着剪切率的增加，忠县河段泥沙大粒径絮体占比发生下降，且当剪切率 G 为 35.5～100.7s^{-1} 时下降幅度最大。另外，随着泥沙浓度的增大，在同一剪切率下存在的大粒径絮体占比也有所增加，说明泥沙浓度对泥沙颗粒的絮凝有正向的影响。

表 3-9 不同剪切率及泥沙浓度下忠县河段泥沙大粒径絮体占比

G/s^{-1}	0.3g/L	0.6g/L	1.0g/L
35.5	2.9%	3.3%	4.7%
100.7	1.1%	0.9%	1.1%
173.8	0.5%	0.7%	0.7%
255.8	0.2%	0.3%	0.2%

3.2.3 奉节河段泥沙

图 3-13 显示了奉节河段泥沙在浓度为 1.0g/L 的条件下，当剪切率 G 从 35.5s^{-1} 逐渐增加到 255.8s^{-1} 时，奉节河段泥沙絮体的粒径分布变化情况。由图 3-13 可以看出，随着剪切率的增加，奉节河段泥沙絮体的粒径分布同样发生了较大变化，粒度分布曲线发生左移，大粒径絮体（＞100μm）体积分数明显减小，小颗粒泥沙（＜20μm）体积分数逐渐增大。奉节河段泥沙与长寿河段泥沙的变化情况较为相似，粒径分布图线的形态基本保持不变，呈现中间多、两边少、粒径对称分布的趋势，随剪切率的增加，奉节河段泥沙颗粒也发生了较明显的分散，高紊动剪切率使得大颗粒泥沙絮团含量减少，同时增大了小絮团粒径的分布范围。

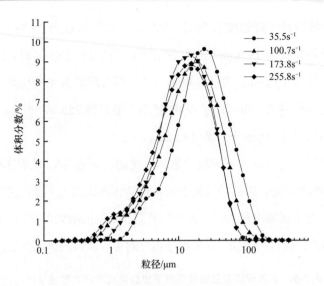

图 3-13　奉节河段泥沙絮体的粒径分布变化

奉节河段泥沙颗粒的特征粒径的变化及拟合情况如图 3-14 所示。d_{10}、d_{25}、d_{50}、d_{75} 及所占体积分数最大的颗粒粒径 $Vol\%_{max}$ 均发生了较大变化，随着剪切率

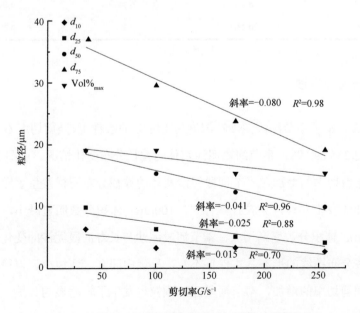

图 3-14　奉节河段泥沙颗粒特征粒径变化及拟合情况

的增加，各特征粒径下降幅度为 19%～58%，剪切率 G 为 35.5s^{-1} 时所占体积分数最大的颗粒粒径为 19.0μm，而当剪切率 G 增加到 255.8s^{-1} 时，所占体积分数最大的颗粒粒径为 15.2μm。且从拟合线的斜率变化可以明显看出，粒径越大变化幅度越大，如剪切率 G 由 35.5s^{-1} 增加到 255.8s^{-1} 时，d_{25} 从 9.8μm 下降到 4.0μm，d_{75} 从 36.8μm 下降到 19.0μm。

不同剪切率及泥沙浓度下大粒径絮体占比情况见表 3-10。从表中 3-10 也可以看出，随着剪切率的增加，奉节河段泥沙大粒径絮体占比发生下降，且当剪切率 G 为 35.5～100.7s^{-1} 时下降幅度最大。另外，随着泥沙浓度的增大，在同一剪切率下存在的大粒径絮体占比也有所增加，说明泥沙浓度对泥沙颗粒的絮凝有正向的影响。

表 3-10　不同剪切率及泥沙浓度下奉节河段泥沙大粒径絮体占比

G/s^{-1}	0.3g/L	0.6g/L	1.0g/L
35.5	2.7%	3.1%	4.9%
100.7	0.6 %	1.1%	1.0%
173.8	0.6%	0.5%	0.1%
255.8	0.2%	0.2%	0.3%

3.2.4　讨论

图 3-15 为在泥沙浓度分别为 0.3g/L、0.6g/L 和 1.0g/L，三峡库区长寿河段、忠县河段和奉节河段的泥沙在不同剪切率（3.84s^{-1}、10.85s^{-1}、19.94s^{-1}、30.07s^{-1}、35.5s^{-1}、100.7s^{-1}、173.8s^{-1}、255.8s^{-1}）时大粒径絮体（粒径大于 0.096mm）所占百分比曲线。使用的设备不同，可能造成测得的数据有所不同，但对于趋势不会有影响。由图 3-15 左半边图可知，当剪切率较小时（<30.7s^{-1}），大粒径絮体所占百分比呈先增大后减小的趋势，由图 3-15 右半边图可知，当剪切率大于 30s^{-1} 后，大粒径絮体所占百分比随剪切率的增大呈持续减小的趋势。由此可知，絮体

粒径随剪切率的增大呈"N"形变化，即先增大后减小，且在剪切率 G 为 $19.94s^{-1}$ 时得到最大粒径。紊动剪切作用对黏性泥沙絮凝的影响可以从絮凝动力学角度解释：泥沙颗粒在紊动剪切作用下发生聚合与破碎，当两者达到平衡时视作絮凝过程完成。较小的剪切率可以促进泥沙颗粒聚合，有利于大粒径絮体的形成；当剪切率超过一定值（临界值）时，与初级颗粒相比，絮体的强度很低，较高的水流剪切力和高频率的碰撞造成絮体发生机械破碎，不利于大粒径絮体的形成。Biggs 和 Lant（2000）的实验结果显示，随着 G 增加，淤泥颗粒的中值粒径呈指数型减小趋势。Hopkins 和 Ducoste（2003）使用黏土进行实验得出了同样的结果，并提出 $d_{max}=cG^{-m}$，c、m 为非负系数。Bouyer 等（2001）也提出在泥沙浓度一定时，紊流条件下斑脱土 $d_{max}=cG^{-2/3}$。但是这些研究中的平均流速梯度都大于 $20s^{-1}$，而实验在较广剪切率范围下模拟了泥沙颗粒的絮凝效果，发现 d_{max} 与剪切率 G 并非呈单一关系，认为水流剪切率对于絮团的发育具有双重作用，剪切率较小时会促进泥沙颗粒形成絮团。Colomer 等（2005）也研究了流速梯度 G 小于 $20s^{-1}$ 时絮团粒径的变化，对于任何泥沙浓度的泥沙颗粒，G 的增加都会使得颗粒絮凝加强。乔光全等（2014）同样使用了多层格栅研究了盐水和淡水中紊动对于黏性泥沙絮凝的影响，结果表明，最大絮团粒径对应的紊动剪切率在盐水中为 $20.8s^{-1}$、在淡水中为 $15.6s^{-1}$，与本书得到的临界剪切率 $19.94s^{-1}$ 的实验结果也较为一致。

另外，由图 3-15 可以看出，在泥沙浓度为 0.3g/L 条件下，长寿、忠县和奉节河段泥沙大粒径絮体百分比最大可达 4.6%、7.1%和 5.3%；在浓度为 0.6g/L 条件下，长寿、忠县和奉节河段泥沙大粒径絮体百分比最大可达 8.0%、9.4%和 8.1%；在浓度为 1.0g/L 条件下长寿、忠县和奉节河段泥沙大粒径絮体百分比最大可达 11.3%、10.2%和 11.4%。随着泥沙浓度的增大，长寿、忠县和奉节河段的泥沙絮凝后产生的大粒径絮体所占百分比均有较大增大，说明在紊流条件下泥沙浓度的升高对于絮凝是起促进作用的，这与目前已有的研究认为在相同条件下增加颗粒浓度可以增加颗粒的絮凝效率也一致。

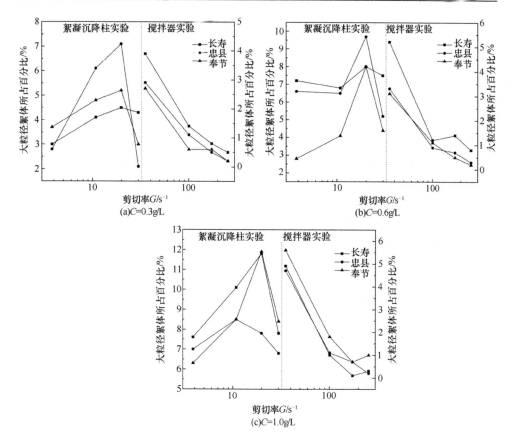

图 3-15 不同泥沙浓度下各河段泥沙在不同剪切率时大粒径絮体所占百分比曲线

3.3 小 结

本章主要研究三峡库区黏性泥沙在紊动条件下的絮体粒径分布规律，采用代表上游的长寿河段、代表中游的忠县河段和代表下游的奉节河段泥沙进行絮凝实验，分析其在不同泥沙浓度（0.3g/L、0.6g/L 和 1.0g/L）和不同紊动剪切率（3.84～255.80s^{-1}）条件下泥沙絮体的粒径分布规律。本书将大于 0.096mm 的絮体认定为大粒径絮体，大粒径絮体的数量多则表明絮凝效果好。本书还对不同泥沙浓度时，不同紊动剪切率条件下（3.84s^{-1}、10.85s^{-1}、19.94s^{-1} 和 30.07s^{-1}）泥沙絮体在不同停留时间（50min、100min、150min、200min 和 250min）下絮体的最大粒径 $D_{f,95}$ 随停留时间的变化规律进行了分析。主要结论如下：

（1）在絮凝沉降柱实验中，通过絮体图像采集装置观测到三峡库区各河段泥沙在紊动水体中能快速絮凝，在进入絮体分离室前就能够絮凝形成较大的絮体，说明其絮凝效果较好。

（2）通过絮凝沉降柱实验结合搅拌器实验，得出三峡库区黏性泥沙絮凝临界剪切率为 19.94s^{-1}。相同浓度的泥沙，随紊动剪切率的增大（3.84～255.8s^{-1}），絮体最大粒径呈先增大后减小的趋势，认为较小的剪切率可以促进泥沙颗粒聚合，有利于大粒径絮体的形成；当剪切率超过一定值（临界值）时，与初级颗粒相比，絮体的强度很低，较高的水流剪切力和高频率的碰撞造成絮体发生机械破碎，不利于大粒径絮体的形成。当剪切率为 19.94s^{-1} 时，大粒径絮体占比最大，长寿河段絮体最大粒径可达 0.130mm，忠县河段絮体最大粒径最大可达 0.126mm，奉节河段最大絮体最大粒径可达 0.114mm。

（3）在搅拌器中进行的高剪切率絮凝实验结果显示，当剪切率处于较高水平时，泥沙絮体很难保持完整的絮凝状态，颗粒发生明显分散，d_{10}、d_{25}、d_{50}、d_{75} 均发生较大下降，且随着剪切率的增加，各特征粒径及所占体积分数最大的颗粒粒径 Vol%$_{max}$ 下降幅度继续增大，进一步说明较高的水体剪切率明显抑制了泥沙颗粒间的絮凝作用。

（4）相同紊动剪切率条件下，不同浓度（0.3～1.0g/L）泥沙絮凝后絮体粒径分布差异较明显，随着泥沙浓度的升高，粒径分布曲线右移，絮凝后产生的大粒径絮体所占百分比增大，说明在紊流条件下泥沙浓度的升高对于絮凝是起促进作用的。

（5）在临界剪切率 19.94s^{-1} 时，低泥沙浓度下（0.3g/L、0.6g/L）忠县河段泥沙絮凝后粒径最大粒径 $D_{f,95}$ 远大于长寿和奉节河段；当浓度增大至 1.0g/L 时，长寿河段泥沙絮凝后最大粒径 $D_{f,95}$ 比其余两河段大，考虑是泥沙本身物理化学性质不同而引起的，说明忠县河段泥沙在泥沙浓度较低时，相对于长寿和奉节河段其泥沙沉降速率更大，更容易发生絮凝淤积，而长寿河段在泥沙浓度较高时更容易发生淤积。

第4章 三峡库区黏性泥沙特性对絮凝的影响分析

颗粒聚集现象为一个两步过程：颗粒失稳（凝结）和颗粒间运输（絮凝）。颗粒失稳是指颗粒在碰撞发生时存在附着的可能性，颗粒失稳可通过以下四种机制得到增强：①对双电层的压缩；②吸附产生电荷中和；③陷入沉淀物；④吸附，允许粒子间桥接。得益于胶体理论和表面化学的发展，目前学者基于以上观点已经建立了与这些机制有关的不稳定理论，并将其与各种因素结合起来，认为絮凝有许多影响因子，包括悬浮沉积物浓度（SSC）、湍流剪切、絮凝物的差异沉降和水体中的黏性有机物质以及水体温度、pH、各种金属离子等。但这些因素对絮凝物大小的贡献不同，其作用方式及机理也缺乏进一步的研究。

在研究泥沙的絮凝过程中，絮体粒径的变化是最重要的参考量，能够完全反映各因素对于絮体粒径及絮凝效果的影响。本章着重阐述基于絮凝实验，对黏性泥沙含沙量、泥沙粒径、泥沙有机质含量、泥沙电位等与泥沙颗粒相互作用的研究，以泥沙颗粒级配变化等指标来反映各因素对于泥沙絮凝的影响。

4.1 泥沙含沙量对絮凝的影响

图 4-1 展示了在不同泥沙浓度下絮凝达到平衡状态时泥沙颗粒的级配情况。从图 4-1 中可以看到，不同浓度下的泥沙颗粒在絮凝平衡后其级配有明显差异。随着泥沙浓度的升高，级配曲线明显右移，说明在 0.5～2.0g/L 这个范围内，三峡库区泥沙的絮凝程度与含沙量成正比。何芳娇等（2016）通过对三峡库区泥沙絮凝进行研究，发现含沙量为 0.015～0.35kg/m³ 时，随着含沙量的增加，泥沙絮凝程度也呈增加的趋势。Milligan 和 Hill（1998）通过大量的实验研究指出，在絮凝

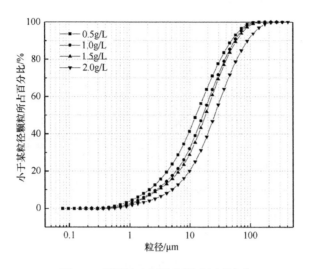

图 4-1　不同浓度泥沙絮凝后级配变化

刚开始发生时，尤其是在水体紊动微弱的情况下，泥沙浓度的增加能够明显增大泥沙颗粒的碰撞效率，从而增大泥沙形成絮团的概率。Dyer 和 Manning（1999）研究分析了大量的河口实测数据后指出，当泥沙浓度处于较低水平时，泥沙的絮凝作用与泥沙浓度成正比关系；而当泥沙浓度处于较高水平时，泥沙颗粒碰撞概率增大，大絮团碰撞而发生破裂现象，使得絮凝作用降低，泥沙的絮凝作用与泥沙浓度成反比。这可以用颗粒交互作用能来解释，如图 4-2 所示，体系中的泥沙浓度越大，会使得各泥沙颗粒间的距离越小，单位时间内产生颗粒自由无碰撞运动的概率就越小（杨铁笙等，2003）。随着浓度的升高，各颗粒间距离越来越近，交互作用能由排斥或弱吸引逐渐向第一极小值或第二极小值（强吸引）靠近，各颗粒间开始不断发生吸引碰撞，从而加强絮凝作用。但由图 4-2 可以看出，泥沙浓度对絮凝的促进作用并不是完全呈正相关的，当超过极限浓度后，浓度的增加对絮凝的促进作用开始下降甚至成为阻碍。

　　图 4-3 为不同浓度泥沙絮凝后的粒径分布状态。从图 4-3 中可以看出，随泥沙浓度的升高，曲线发生右移，小颗粒泥沙占比减小，大颗粒絮体占比增加，且图像明显由"宽"变"窄"，粒径分布范围减小，峰值同样发生右移，并且峰值增

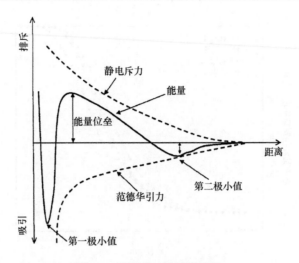

图 4-2　颗粒交互作用能曲线

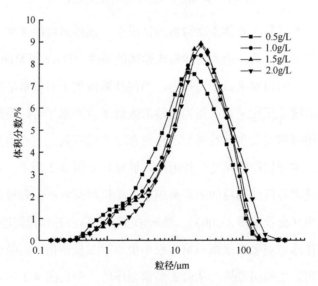

图 4-3　不同浓度泥沙絮凝后的粒径分布

大，说明随着泥沙浓度的升高，颗粒间碰撞频率升高，絮凝效果增强，且产生的絮体大小趋向于某一个粒径范围。

泥沙颗粒的特征粒径随泥沙浓度的变化及拟合情况如图 4-4 所示。d_{10}、d_{25}、d_{50}、d_{75} 及所占体积分数最大的颗粒粒径 $Vol\%_{max}$ 均发生了较大变化，随着泥沙浓

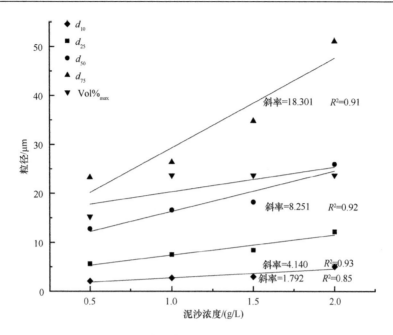

图 4-4　不同泥沙浓度下絮凝后特征粒径的变化及拟合情况

度的增加，各特征粒径增大量为 2.9～27.7μm，泥沙浓度为 0.5g/L 时所占体积分数最大（Vol%$_{max}$）的颗粒粒径为 15.3μm，当泥沙浓度增加到 2.0g/L 时，所占体积分数最大的颗粒粒径增大到 23.7μm，增幅 8.4μm。且从拟合线的斜率变化可以明显看出，粒径越大变化幅度越大，如泥沙浓度由 0.5g/L 增加到 2.0g/L 时，d_{25}从 5.6μm 增加到 12.2μm，d_{75}从 23.3μm 增加到了 51.0μm。

4.2　泥沙粒径对絮凝的影响

颗粒粒径对于絮凝也有较大影响，一般来说，随着泥沙颗粒粒径不断减小，其在水体中受重力的影响也不断下降，而所受的颗粒间黏结力会成为主要作用力，使得颗粒间发生相互作用，但对于不同的水质、不同种类的泥沙来说，其发生絮凝作用的临界粒径也会有所不同。

不同地区的泥沙其矿物组成、颗粒级配有所不同，本节对长寿、忠县、奉节三个地区的泥沙进行了絮凝实验，以此来比较不同情况下粒径与絮凝程度的关系。三个地区泥沙的矿物组成见表 2-1。

图 4-5 展示了长寿、忠县、奉节三个地区的泥沙在相同条件下絮凝前后的级配曲线。

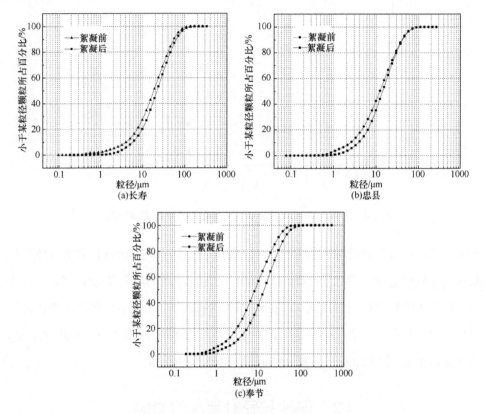

图 4-5　三个地区泥沙絮凝前后级配变化

将原始泥沙的特征粒径记为 d_n，将絮凝后的特征粒径记为 d_n'，则可定义泥沙絮凝度 F_n 为

$$F_n = \frac{d_n'}{d_n} \tag{4-1}$$

三个地区泥沙絮凝前后特征粒径及絮凝度见表 4-1。

表 4-1　三个地区泥沙絮凝前后特征粒径及絮凝度比较

地区	小于某粒径颗粒所占百分比/%	原样粒径/μm	絮凝后粒径/μm	絮凝度
	90	41.297	64.711	1.567
	80	28.976	45.997	1.587
	70	21.378	36.021	1.685
	60	16.875	28.366	1.681
长寿	50	12.197	22.085	1.811
	40	8.522	17.091	2.006
	30	6.651	13.746	2.067
	20	4.576	9.828	2.148
	10	2.545	6.729	2.644
	90	41.301	42.956	1.040
	80	28.566	29.873	1.046
	70	21.318	22.556	1.058
	60	16.017	18.018	1.125
忠县	50	12.182	14.127	1.160
	40	9.232	11.828	1.281
	30	6.614	8.577	1.297
	20	4.653	6.327	1.360
	10	2.401	3.896	1.623
	90	29.023	42.077	1.450
	80	19.981	29.014	1.452
	70	14.774	22.521	1.524
	60	11.327	17.266	1.524
奉节	50	8.129	13.857	1.705
	40	6.017	10.956	1.821
	30	4.151	7.921	1.908
	20	3.021	5.794	1.918
	10	1.713	3.274	1.911

　　泥沙絮凝度 F_n 随特征粒径 d_n 的变化情况如图 4-6 所示。虽然长寿、忠县、奉节三个地区各自泥沙的矿物组成、粒度分布有所不同，但从图 4-6 中可以看出，随着粒径的增大，泥沙颗粒的絮凝度不断减小，即粒径越小，泥沙颗粒的絮凝效果越好。

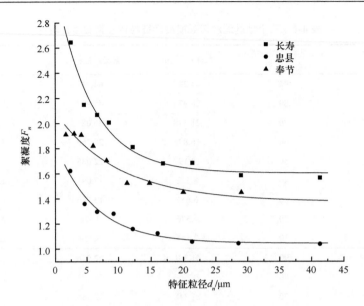

图 4-6　泥沙絮凝度 F_n 随特征粒径 d_n 的变化情况

　　拟合结果显示，泥沙絮凝度 F_n 与特征粒径 d_n 有明显的相关关系，相关系数分别为 0.97、0.97、0.94，随特征粒径 d_n 的增加，絮凝度 F_n 呈指数型减小，其拟合关系分别如下：

$$F_n = a \times \exp(-d_n/b) + c \tag{4-2}$$

长寿：　　　　　　　$F_n = 1.52 \times \exp(-d_n/5.67) + 1.60$

忠县：　　　　　　　$F_n = 0.80 \times \exp(-d_n/6.17) + 1.05$

奉节：　　　　　　　$F_n = 0.72 \times \exp(-d_n/9.96) + 1.37$

式中，F_n 为絮凝度；d_n 为特征粒径，μm；系数 a、b、c 与泥沙颗粒的性质有关，如矿物组成、比表面积、有机质含量等。

4.3　泥沙有机质含量对絮凝的影响

　　腐殖质是土壤和沉积物中有机质的主要组成部分，其易溶于中性、弱酸性和弱碱性介质中，并以络合物形式迁移，具有适度的黏结性，是形成团粒结构的良好胶结剂（吴启堂，2015）。本节实验设计方案同 2.3.1，将腐殖质浓度设定为 0、5mg/L、10mg/L、15mg/L、20mg/L，泥沙浓度 1.0g/L，置于搅拌器中 190r/min 混合 20min，混合结束后立即移至激光粒度仪检测粒度分布。为了排除其他因素的干扰，实验前用 H_2O_2 对实验所用沙进行处理，以完全清除泥沙颗粒原有的有机质。

实验前对含有机质的泥沙及 H_2O_2 处理过的泥沙进行了电镜观测和比表面积分析。

使用康塔 QUADRASORB-SI 全自动比表面分析仪对泥沙样本（长寿、忠县、奉节的含有机质和 0 有机质泥沙）进行 N_2 吸附–脱附实验，图 4-7 展示了奉节样本（含有机质及 0 有机质泥沙）的 N_2 吸附–脱附曲线。沉积物的比表面积采用 BET（Brunauer-Emmett-Teller）方法，通过设置不同 N_2 分压，测量数组泥沙的多层吸附量，再由 BET 方程进行线性拟合，从而计算出被测样品的比表面积。

泥沙的比表面积参数见表 4-2。由图 4-7 及表 4-2 可见，三个地区的泥沙样本去除有机质后，其比表面积发生了较大变化，平均减量达 8.755m²/g，为含有机质沙的 57.8%。Wang 等（2011）的研究中也发现了相同的现象，并提出含有机质泥沙比表面积和孔容、孔径较大是吸附物质在泥沙表面聚集、架桥造成的。

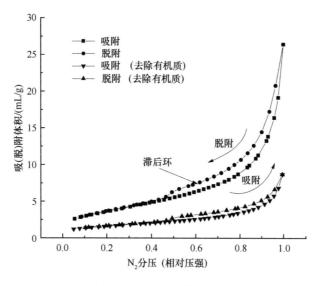

图 4-7　N_2 吸附–脱附曲线

表 4-2　泥沙比表面积参数

参数	长寿 （含有机质）	忠县 （含有机质）	奉节 （含有机质）	长寿 （去除有机质）	忠县 （去除有机质）	奉节 （去除有机质）
比表面积/（m²/g）	17.240	14.852	13.316	8.722	4.749	5.672

图 4-8 为忠县含有有机质泥沙和去除有机质后泥沙的 SEM 图像，从图 4-8 中可以直观地观察到两种颗粒的表面形态结构。含有机质泥沙表面附有大量絮状物，其表面凹凸不平，疏松多孔，拥有巨大的比表面积，而经过清洗的泥沙其表面附着物基本已去除完全，泥沙颗粒形态规则，表面光滑平整，这也印证了之前的分析结果，即去除有机质后，泥沙颗粒的比表面积发生较大的降低。

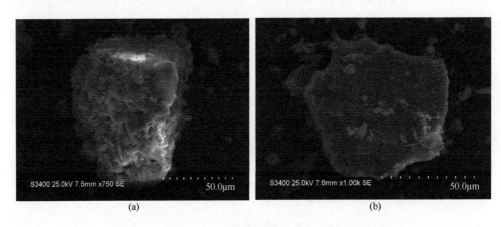

图 4-8　含有机质（a）及去除有机质（b）泥沙 SEM 图像

另外，在含有机质泥沙样本中发现了许多类似于图 4-9 这样的泥沙颗粒絮体，这些絮体最少由两个泥沙颗粒单元组成，多为条状或团状，也观察到部分网状絮体，可以看出，泥沙通过颗粒上附着的絮状物质相互接合。邢丽贞等（2003）通过实验观察指出，在天然泥沙絮凝的过程中，微生物会在泥沙颗粒之间形成一条类似于"桥"的生物膜，悬浮的泥沙颗粒通过这条"桥"相互连接而形成絮团结构。赵慧明等（2014）通过对絮凝结构进行实验分析发现了类似的结构。

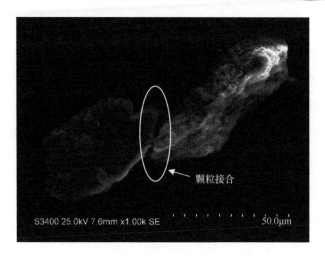

图 4-9　絮体颗粒

图 4-10 展示了使用添加有机质的忠县泥沙进行絮凝实验的粒径分布变化结果。由图 4-10 中可以明显看出，随有机质浓度的升高，粒径分布曲线发生右移，细微颗粒（<3μm）泥沙占比明显减小，曲线下压，占比从 4.8%降至 2.7%，而大颗粒絮体占比增加，右侧曲线外扩，大于 100μm 的絮体占比从 0 增至最高 2.6%，说明随着有机质含量的升高，大颗粒絮体数量明显增加，颗粒间的絮凝效果增强。

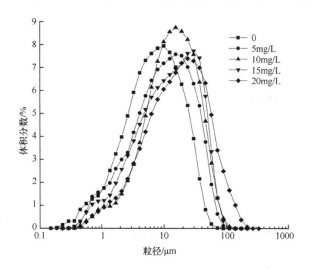

图 4-10　添加有机质后颗粒粒径分布曲线

　　泥沙颗粒的特征粒径随腐殖酸浓度的变化及拟合情况如图 4-11 所示。d_{10}、d_{25}、d_{50}、d_{75} 及所占体积分数最大的颗粒粒径（Vol%$_{max}$）均发生了较大变化，随着腐殖酸浓度的增加，各特征粒径增大量在 0.7～12.6μm，不含腐殖酸的泥沙颗粒絮凝后所占体积分数最大的絮体颗粒粒径为 15.2μm，当腐殖酸浓度增加到 20mg/L 时，所占体积分数最大的颗粒粒径增大到 23.7μm，增幅 8.5μm。且从拟合线的斜率变化可以明显看出，粒径越大变化幅度越大，如腐殖酸浓度由 5mg/L 增加到 20mg/L 时，d_{25} 从 3.9μm 增加到 6.1μm，d_{75} 从 19.9μm 增加到 32.5μm。

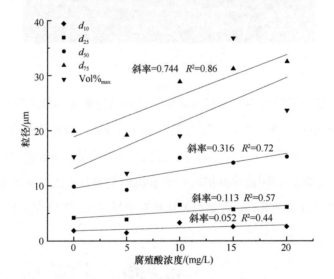

图 4-11　不同腐殖酸浓度下絮凝后特征粒径的变化及拟合情况

4.4　泥沙电位对絮凝的影响

　　盐离子浓度主要影响颗粒的带电性质，泥沙颗粒具有典型的双电层特性，根据双电层理论，双电层分为吸附层与扩散层，被吸附的离子紧贴在颗粒表面，形成固定的吸附层，吸附层到溶液本体被称为扩散层，距颗粒表面距离越远，电势越小，在吸附层内，电势的变化类似于平行板模型，即电势随距固体表面距离的增加呈单调的直线性减小趋势，而在扩散层内，随距固体表面距离增加，电势呈指数型减小。固-液两相发生相对移动时会在扩散层内出现一个滑动面（或剪切面），滑动面是实际存在的面，将滑动面对溶液深部的电势差叫作电动电势或 Zeta 电位（ζ 电位），而 ζ 电位直接决定了扩散层的厚度，而扩散层厚度的变化会影响颗粒间的排斥作用，从而改变颗粒间的絮凝特性。Zeta 电位具有重要的意义，可用来描述胶体的稳定性，即 Zeta 电位（绝对值）越大则胶体越稳定，从位能曲线上反映为若有势垒存在，则细颗粒泥沙在溶液中呈悬浮状态；反之，若势垒消失，则细颗粒泥沙极易絮凝（黄磊等，2012）。

图 4-12 展示了长寿河段泥沙中分别投加不同浓度的 Na^+、Mg^{2+}、Ca^{2+}、Al^{3+}，混匀静置后取上清液测得的 Zeta 电位。由图 4-12 可以看出，电解质的投入可以极大地改变泥沙颗粒的 Zeta 电位，随投入量的增大，双电层扩散层中反离子数量增多，使得电位绝对值降低。在相同浓度下，不同价态及不同种类的阳离子对于 Zeta 电位的影响也有所不同，基本呈 $Na^+ < Mg^{2+} < Ca^{2+} < Al^{3+}$ 的规律。价态越高，其所带有的电荷量越大，从而能更多地中和泥沙颗粒表面的负电荷，而对于同为 +2 价态的 Mg^{2+} 和 Ca^{2+} 来说，显然 Ca^{2+} 对泥沙颗粒 Zeta 电位的影响更大，这说明

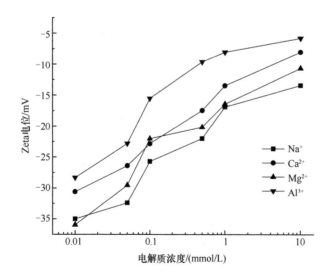

图 4-12 电解质浓度对 Zeta 电位的影响

离子种类对于 Zeta 电位也有影响。刘启贞等（2006）通过测定细颗粒泥沙在不同浓度的 $AlCl_3$ 溶液、$MgCl_2$ 溶液、$CaCl_2$ 溶液中 Zeta 电位的变化发现，这些电解质溶液都可以降低泥沙颗粒表面的 Zeta 电位，并且在相同离子浓度条件下，Al^{3+}引起的泥沙颗粒的电位降低最多，其次为 Mg^{2+}、Ca^{2+}。另外，天然水体中微量金属离子对泥沙表面电荷的影响可予以忽略，但是 Ca^{2+} 和 Mg^{2+} 在天然水体中浓度很高，而且其对黏土矿物的电泳淌度影响很大，因此 Ca^{2+} 和 Mg^{2+} 的吸附是泥沙颗粒表面电荷的主要控制因素。

图 4-13 为相同实验条件下，投入电解质后，对泥沙絮体粒径分布的影响。可以看出，随着投入电解质浓度的增大，絮体粒径分布右移，小颗粒泥沙含量

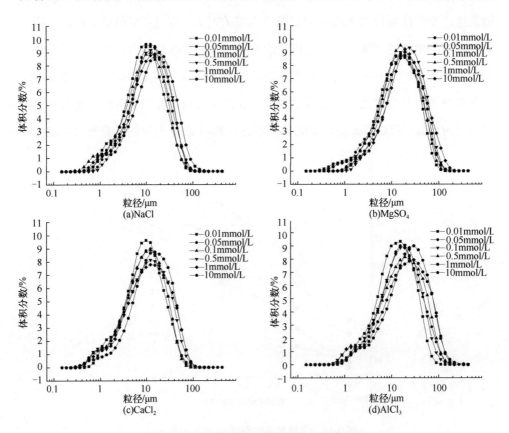

图 4-13　电解质对泥沙絮体粒径分布的影响

减少，大絮体数量增多，电解质的投入对泥沙絮凝起明显的促进作用。周晓朋等（2015）通过向吹填土泥浆中添加高分子量阳离子（CPAM）来测定颗粒 Zeta 电位，亦发现随着阳离子用量的增加，电位绝对值呈增大的趋势，絮凝效果也有所增强。

从图 4-13 曲线的变化趋势可以看出，电解质的促进作用与电解质种类有关，相对于其他三种电解质来说，$AlCl_3$ 对泥沙颗粒絮凝的促进作用要强得多，大颗粒絮体占比增加明显，这可能与 Al^{3+} 的卷扫絮凝有关。相对于 Ca^{2+} 或 Mg^{2+}，Al^{3+} 在水体中形成 $Al(OH)_3$ 所需的 pH 较低，能够较容易地形成 $Al(OH)_3$ 絮状沉淀，这种拥有巨大比表面积的无定形氢氧化物能够裹挟泥沙颗粒，从而形成大颗粒絮体。

图 4-14 展示了 Zeta 电位与絮体粒径 d_{75} 的关系，d_{75} 可以反映体系中大颗粒絮体占比的变化情况，由图 4-14 可以看出，Zeta 电位与泥沙絮体粒径有明显的相关关系，随着 Zeta 电位的下降，d_{75} 呈明显的上升趋势。这说明电位的改变也是影响泥沙颗粒絮凝的一个重要因素。

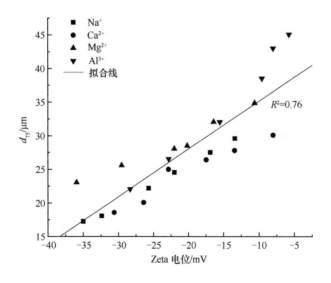

图 4-14　Zeta 电位对絮体 d_{75} 的影响

4.5　小　　结

本章着重阐述了基于絮凝实验，对黏性泥沙含沙量、泥沙粒径、泥沙有机质含量、泥沙电位离子等与泥沙颗粒相互作用的研究，以泥沙颗粒级配变化等指标来反映各因素对于泥沙絮凝的影响，从而得出了以下结论：

（1）不同浓度下的泥沙颗粒在絮凝平衡后其絮体级配有明显差异。随着泥沙浓度的升高，泥沙浓度的增加能够增大泥沙颗粒的碰撞效率，级配曲线明显右移，粒径分布范围减小，大颗粒絮体占比增大，泥沙絮凝程度呈增加的趋势。

（2）颗粒粒径对絮凝也有较大影响，以泥沙絮凝度 F_n 随特征粒径 d_n 的变化来研究颗粒絮凝情况，发现随着特征粒径的增大，泥沙颗粒的絮凝度不断减小，即泥沙颗粒粒径越小，泥沙颗粒的絮凝效果越好。泥沙絮凝度 F_n 与特征粒径 d_n 有明显的相关关系，随特征粒径 d_n 的增大，絮凝度 F_n 呈指数型减小，另外，絮凝度还与泥沙颗粒的性质，如矿物组成、比表面积、有机质含量等有关。

（3）使用康塔 QUADRASORB-SI 全自动比表面分析仪对泥沙样本进行 N_2 吸附–脱附实验，发现去除有机质后，泥沙颗粒的比表面积发生了极大的变化，平均减量达 57.8%。SEM 图像也显示，含有机质泥沙表面附有大量絮状物，其表面凹凸不平，疏松多孔，拥有巨大的比表面积，泥沙颗粒间通过絮状物质相连，而经过清洗的泥沙其表面附着物基本已去除完全，泥沙颗粒形态规则，表面光滑平整。絮凝实验结果显示，随有机质浓度的升高，粒径分布曲线发生右移，细微颗粒泥沙占比明显减小，而大颗粒絮体占比增加，大于 100μm 的絮体占比从 0 增至最高 2.6%，说明有机质可以促进颗粒间的架桥作用，随着有机质含量的升高，大颗粒絮体数量明显增加，颗粒间的絮凝效果增强。

（4）在相同浓度下，不同价态及不同种类的阳离子对于泥沙颗粒 Zeta 电位的影响也有所不同，基本呈 $Na^+ < Mg^{2+} < Ca^{2+} < Al^{3+}$ 的规律。体系中投入阳离子后，

会促进泥沙颗粒间的絮凝作用，不同阳离子的作用效果也有所不同，在所选的四种阳离子中，Al^{3+}的加入对泥沙颗粒絮凝的促进作用最强，考虑与 Al^{3+}的卷扫絮凝有关。Zeta 电位与泥沙絮体粒径有明显的相关关系，随着 Zeta 电位的下降，泥沙颗粒絮凝效果呈上升趋势。

第 5 章　三峡库区黏性泥沙对磷吸附解吸的影响因素

磷是水生生态系统的主要营养物质，一方面为鱼类、藻类等水生生物提供营养，另一方面，其过量的供应也是导致水体富营养化的直接因素（张迎颖等，2017），根据《长江水资源质量公报》，总磷已经成为长江水质不能达标的主要超标物。因此，作为河流中的一个主要物质——泥沙，其与磷的相互关系就成了研究热点，有研究表明，磷对泥沙表面具有很强的亲和性（Appan and Wang，2000），水体中超过 80% 的磷都以颗粒态的形式附着在泥沙颗粒表面（肖洋等，2015）。泥沙对于磷来说，既是"汇"，又是"源"，当磷的外部荷载增加时，泥沙会吸附磷，而当磷的外部荷载减少时，泥沙会作为磷源解吸磷，其他条件的改变，如扰动强度、含沙量、pH、有机质含量等也会相应地引起沉积物对磷的吸附及解吸（陈野等，2014）。总的来说，内外部条件的变化引起泥沙对磷吸附特性的改变，吸附行为的改变又决定了磷在水体中的迁移及转化过程。

本章以三峡库区长寿、忠县、奉节地区河流表层沉积物为研究对象，研究了黏性泥沙对磷的动力学吸附及等温吸附过程，对吸附过程进行了对比，分析了三个地区吸附特性的差异及外部条件的改变对吸附模型参数的影响，从而有助于正确评价和模拟三峡库区中磷等污染物在水体中的迁移转化规律，为进一步解决三峡库区磷超标问题、防控和治理三峡水质富营养化等水环境问题提供参考。

5.1　水体扰动对泥沙吸附解吸磷的影响

水体扰动对于河流底泥的起动、悬移质的运动状态、水沙界面的物质交换过程等都会造成很大的影响，从而进一步影响泥沙颗粒对磷等污染物的吸附及解吸。

扰动是水体条件改变的重要影响因素，特别是对于诸如水库、湖泊等水流较为缓慢的水域，扰动强度的改变会极大地改变水体中的物质分布，加速底泥或悬浮泥沙与营养盐的相互作用，影响水体环境的稳定。有研究表明，三峡库区蓄水后水动力条件的改变是造成库区水体富营养化的主要原因。因此，进一步研究水动力条件下泥沙与磷等污染物的相互作用过程以及动力条件改变对污染物在固-液两相中分布的影响，有助于水体富营养化的预测与防治工作。

5.1.1　动力学吸附

动力学吸附过程反映了溶液中吸附质浓度随时间的变化情况及吸附剂吸附溶质的速率快慢，以此来评估物质吸附的效率，从而在一定程度上解释物质吸附的规律及机制。图 5-1 展示了不同扰动强度（0～400r/min）下，长寿、忠县、奉节地区泥沙对磷的动力学吸附过程。从图 5-1 中可以明显看出，泥沙对磷酸盐的吸附过程包括快速和慢速吸附两个阶段，在前 5h 内吸附速度极快，在此阶段内的吸附量可达 48h 吸附量的 62%～89%。肖洋等（2015）通过室内静态试验研究淮河中游泥沙对磷的动力学吸附过程，也发现泥沙对磷的动力学吸附过程分为快、慢两个阶段，快吸附阶段发生在前 1.5h，吸附量达 24h 吸附量的 90%，快吸附速率为 0.0752mg/(g·h)；慢吸附阶段的平均吸附速率仅为 0.00173mg/(g·h)。出现快-慢速吸附差异的原因与能量变化有关，由于物理吸附只需要较低的活化能便可进行，因此在前期主要的吸附方式为物理吸附，其吸附速率较快，而化学吸附需要较高的活化能形成化学键，造成吸附速率的降低（张建民等，2017）。另外，在前期泥沙颗粒表面拥有的可吸附位点多，使得大量的磷可以快速吸附到这些位点上，随着时间的推移，吸附量逐渐达到饱和，吸附速率便开始下降。

从图 5-1 中还可以看出，吸附在 15h 时已基本达到平衡，泥沙表面对磷酸盐的吸附达到饱和，平衡吸附量与扰动强度有着明显的正相关关系，随着扰动强度的增大，平衡吸附量增加，400r/min 的扰动强度下平衡吸附量是静置状态下吸附

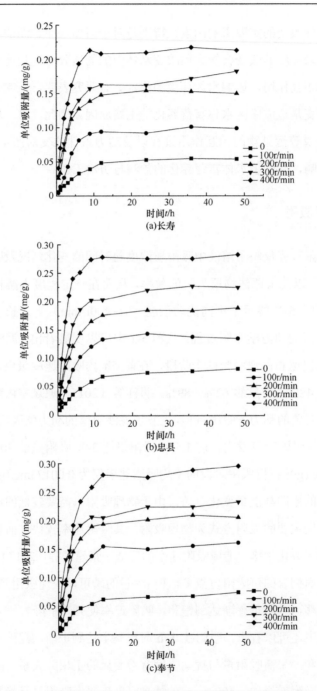

图 5-1　不同扰动强度下三个地区泥沙对磷的动力学吸附过程

量的 5.6 倍。扰动极大地提高了泥沙颗粒与水体中磷酸盐的接触效率，使得更多的泥沙颗粒与水体发生物质交换，从而增大吸附量（陈野等，2014）。

　　动力学吸附模型可以通过对实验数据的拟合，得出溶液中吸附质浓度随时间的变化情况及吸附剂吸附溶质的速率快慢，并估计吸附达到平衡的时间，本章主要采用了准一级动力学模型、准二级动力学模型及 Elovich 模型来对动力学吸附数据进行处理。图 5-2 展示了使用三个动力学模型拟合长寿、忠县、奉节三个地区泥沙的吸附过程，表 5-1 对吸附模型拟合得到的参数进行了整合。

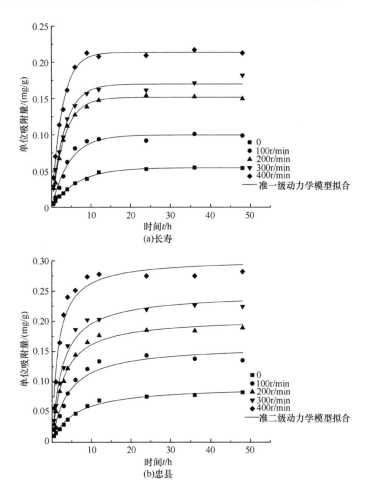

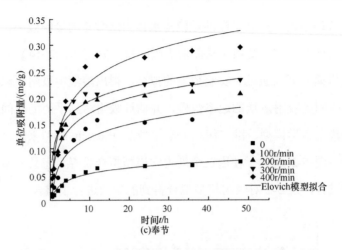

图 5-2　不同扰动强度下三个地区泥沙对磷的动力学吸附拟合

每地区选择一个模型为例

表 5-1　泥沙动力学吸附过程模型拟合参数表

地区	扰动强度 /(r/min)	准一级动力学模型			准二级动力学模型			Elovich 模型		
		Q_e /(mg/g)	K_1	R^2	Q_e /(mg/g)	K_2	R^2	a	b	R^2
长寿	0	0.055	0.154	0.995	0.064	2.272	0.983	0.010	0.013	0.952
	100	0.100	0.220	0.970	0.115	2.105	0.932	0.022	0.024	0.888
	200	0.152	0.307	0.995	0.169	2.362	0.968	0.054	0.031	0.884
	300	0.170	0.302	0.986	0.190	2.381	0.983	0.061	0.034	0.928
	400	0.214	0.369	0.994	0.235	2.679	0.967	0.090	0.040	0.859
忠县	0	0.079	0.158	0.993	0.093	1.402	0.988	0.016	0.018	0.959
	100	0.141	0.208	0.990	0.161	1.553	0.958	0.035	0.031	0.903
	200	0.184	0.276	0.994	0.206	1.756	0.990	0.063	0.038	0.937
	300	0.221	0.297	0.992	0.246	1.960	0.982	0.078	0.045	0.919
	400	0.277	0.460	0.997	0.303	2.134	0.960	0.131	0.049	0.811
奉节	0	0.070	0.176	0.990	0.081	1.327	0.983	0.014	0.016	0.959
	100	0.159	0.206	0.987	0.183	1.401	0.955	0.036	0.037	0.914
	200	0.204	0.297	0.997	0.228	1.675	0.978	0.070	0.043	0.908
	300	0.217	0.345	0.960	0.238	2.055	0.993	0.104	0.038	0.920
	400	0.290	0.290	0.985	0.329	2.187	0.956	0.083	0.063	0.899

由图 5-2 及表 5-1 可以看出，准一级动力学模型对实验数据的拟合效果较好，拟合相关系数 R^2 为 0.960～0.997；准一级动力学模型拟合得到的平衡吸附量 Q_e 相比准二级动力学模型及 Elovich 模型较符合实际情况，其拟合曲线能较好地反映数据点的变化趋势。

另外，准一级动力学模型、准二级动力学模型及 Elovich 模型虽然在动力学吸附研究中经常使用，但研究者通常只通过部分决定系数，如平衡吸附量 Q_e 等来评价拟合效果，很少考虑其他参数的实际意义及其变化规律。动力学吸附参数的变化同样可以从某些方面反映吸附特性的改变，K_1、K_2 为准一、二级动力学常数，亦称为表观反应速率常数，其数值决定了吸附/解吸速度的快慢及反应达到平衡所需的时间。对比三个地区不同扰动强度下的 K_1、K_2 值，可以看出，随扰动强度的增加，参数值也相应地增加，且不同地区的泥沙，其参数值也有所不同，说明其还受其他因素的影响。黄利东等（2012）通过对不同湖泊沉积物动力学吸附参数的研究也得出了类似的结论。而 Elovich 模型是一个可以反映能量变化的模型，通过其参数 a、b 可以求出吸附活化能与表面覆盖率的比率，从而了解反应中吸附活化能的变化。

5.1.2　等温吸附

等温吸附过程通常用来表述在一定温度条件下，当溶质分子在两相界面上的吸附达到平衡时，两相之间的溶质浓度的关系，即在研究溶质从液相转为固相或是固相转为液相时，将溶质浓度在两相间的变化过程通过曲线直观地表现出来，从而研究吸附剂的最大吸附量、吸附能力、吸附强度及吸附状态等特性。

图 5-3 展示了不同扰动强度（0～400r/min）下，长寿、忠县、奉节地区泥沙对磷的等温吸附过程。从图 5-3 中可以明显看出，泥沙对磷酸盐的平衡吸附量 Q_e 在初始磷浓度较小时（<1mg/L），其上升幅度较快，随后进入缓慢上升的阶段。在低磷酸盐浓度下，泥沙颗粒表面还存有大量可吸附位点，因此吸附曲线较陡峭，

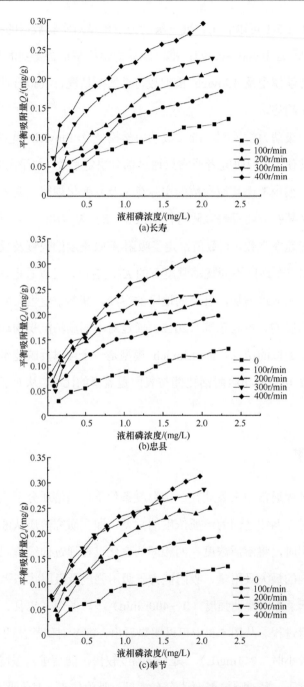

图 5-3　不同扰动强度下三个地区泥沙对磷的等温吸附过程

随着初始磷浓度的进一步上升，泥沙颗粒表面的吸附位点逐渐饱和，剩余空白可吸附位点数量减少，吸附量增速减缓。另外，从图 5-3 中还可以明显看出，随着扰动强度的增加，三个地区泥沙对磷的平衡吸附量都有所增大，并且从静置到100r/min，再到 200r/min，其增大趋势较明显，而当扰动强度进一步增大时，平衡吸附量的增大幅度明显变小。

　　等温吸附线可以表明泥沙在不同磷酸盐浓度下的吸附能力，本章采用Langmuir 模型、Freundlich 模型及 Tempkin 模型对长寿、忠县、奉节地区泥沙在不同扰动强度下的等温吸附数据进行了拟合，拟合曲线如图 5-4 所示，相应的拟合参数列于表 5-2。

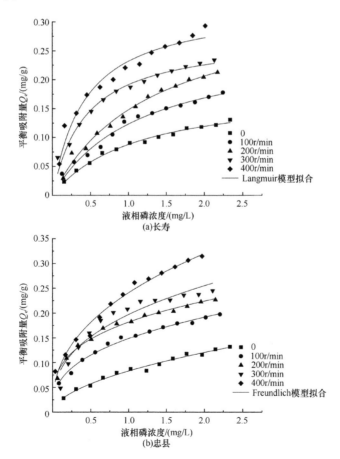

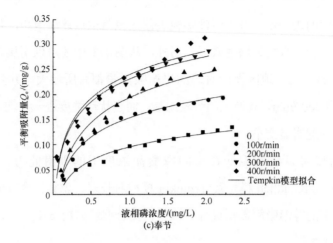

图 5-4　不同扰动强度下三个地区泥沙对磷的等温吸附拟合

每地区选择一个模型为例

表 5-2　泥沙等温吸附过程模型拟合参数表

地区	扰动强度/(r/min)	Langmuir 模型			Freundlich 模型			Tempkin 模型		
		最大吸附量/(mg/g)	K_L	R^2	K_F	$1/n$	R^2	b_T/(J/mol)	A_T/(L/mg)	R^2
长寿	0	0.186	0.791	0.991	0.084	0.590	0.985	16369	23.411	0.975
	100	0.266	0.867	0.982	0.118	0.536	0.977	17724	17.563	0.961
	200	0.240	1.869	0.988	0.142	0.474	0.981	19522	16.064	0.989
	300	0.275	2.292	0.972	0.182	0.372	0.983	24929	14.639	0.971
	400	0.331	2.348	0.960	0.220	0.357	0.971	25739	23.254	0.911
忠县	0	0.192	0.814	0.964	0.083	0.537	0.983	18589	20.777	0.936
	100	0.226	1.243	0.964	0.148	0.369	0.989	14039	31.153	0.970
	200	0.239	2.997	0.956	0.182	0.302	0.987	23815	41.835	0.990
	300	0.293	3.462	0.992	0.197	0.372	0.922	26483	22.821	0.983
	400	0.396	3.753	0.916	0.241	0.210	0.979	26884	38.483	0.878
奉节	0	0.189	0.971	0.982	0.124	0.582	0.988	16369	33.414	0.975
	100	0.241	1.312	0.991	0.089	0.506	0.986	17724	11.566	0.961
	200	0.347	1.855	0.988	0.147	0.413	0.936	19523	16.058	0.989
	300	0.333	2.393	0.976	0.184	0.485	0.977	24929	14.639	0.971
	400	0.389	2.650	0.948	0.232	0.432	0.991	25739	33.254	0.912

由表 5-2 可见，三个等温吸附模型均能较好地拟合吸附数据，Langmuir 和 Freundlich 模型拟合效果较好。Langmuir 与 Freundlich 模型参数中，K_L 与 K_F、n 皆能反映吸附的难易程度，其值越大，吸附越容易进行，可以明显看出随着扰动强度的增大，泥沙吸附能力变强。Tempkin 模型多用来描述吸附质与吸附剂之间的物化作用，其参数 A_T 反映了吸附剂与吸附质之间的吸附作用，A_T 越大说明相互作用越强（Aksu and Karabayir，2008）。b_T 与吸附热相关，其值可以反映吸附类型，b_T 越小越趋于物理吸附，b_T 越大越趋于化学吸附，随着扰动强度的增大，b_T 并未发生明显的趋势性变化，所以认为扰动强度的改变对泥沙对磷的吸附方式没有影响。

5.1.3　动力学解吸

吸附是指物质在两相界面处积聚的过程，相反地，当物质离开界面时，称为解吸或脱附。实际上，吸附-解吸是一个动态的过程，吸附质分子不断地在界面上进行吸附-解吸，但为了表述方便，通常将吸附量大于解吸量的过程称为吸附，将吸附量小于解吸量的过程就称为解吸。一般来说，解吸最主要的驱动力就是浓度差，当某一相（固相、液相、气相）中吸附质的浓度大于另一相时，就会驱使吸附质向浓度较低的相中扩散，但这个过程并不是简单地从高到低，还伴随着诸多的物理和化学过程，任何条件的改变皆会影响整个过程的平衡（贾兴永，2011）。

图 5-5 展示了在不同扰动强度（0～400r/min）下，达到吸附饱和的泥沙在水体中解吸（释放）磷的过程。与动力学吸附过程相似，解吸过程也包含快—慢两个阶段，在前 5h 内解吸速度极快，在此阶段内的解吸量可达 48h 吸附量的 55%～87%。在解吸前期，由于固相的磷浓度明显大于液相的磷浓度，在浓度差的驱动下，磷从泥沙颗粒上脱附进入水体中，随着液相磷浓度进一步上升，两相间浓度差降低，解吸速率随之下降，逐渐达到平衡。出现快—慢速解吸差

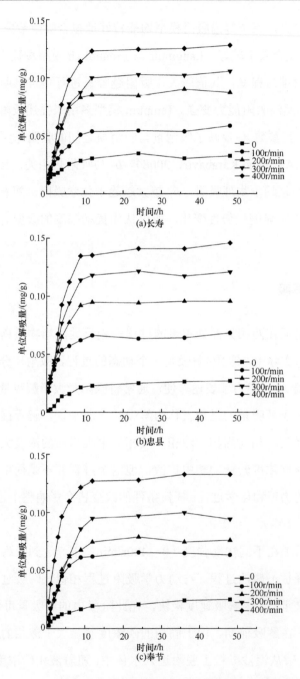

图 5-5 不同扰动强度下三个地区泥沙对磷的动力学解吸过程

异的原因与能量变化有关,在前期主要的解吸方式为物理吸附,解吸速率较快;而化学脱附需要较高的能量打断化学键,从而造成解吸速率的降低(Gerke and Hermann,2010)。

从图 5-5 中还可以看出,解吸基本在 12h 时结束,固相与液相的磷浓度达到一个平衡状态,平衡解吸量与扰动强度有着明显的正相关关系,随着扰动强度的增大,平衡解吸量增加,400r/min 的扰动强度下平衡解吸量是静置状态下的 6.1倍。扰动极大地提高了泥沙颗粒与水体的接触效率,使得更多的泥沙颗粒与水体发生物质交换,从而增大解吸量。夏波等(2014)使用近似均匀紊流模拟装置模拟了不同强度的紊流水体下泥沙解吸释放磷的基本规律,结果显示,在较强的紊动作用下,泥沙普遍起动,悬浮泥沙所吸附的磷解吸至水体中,溶解态磷含量显著增大,且紊动约剧烈,溶解态磷含量增长速率越大,达到平衡的时间越短,说明紊动扩散作用对泥沙解吸释放磷影响显著。

图 5-6 展示了使用准一级动力学、准二级动力学及 Elovich 模型拟合长寿、忠县、奉节三个地区泥沙的解吸过程,表 5-3 对解吸模型拟合得到的参数进行了整合。

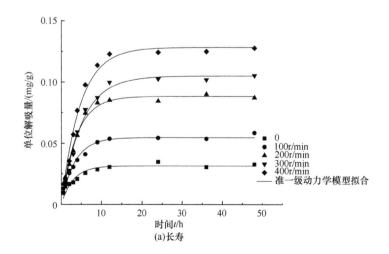

(a)长寿

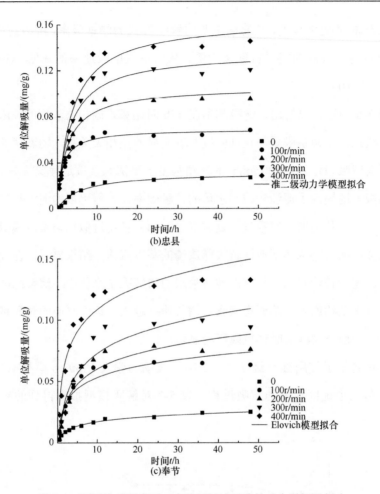

图 5-6　不同扰动强度下三个地区泥沙对磷的动力学解吸拟合

每地区选择一个模型为例

由图 5-6 及表 5-3 可以看出，三个模型均能较好地拟合解吸过程，但准一级动力学模型及准二级动力学模型拟合效果最好，基本均在 0.900 以上。随着扰动强度的增大，单位泥沙对磷的解吸量皆有较大幅度的增加，在解吸达到平衡时，扰动条件下单位泥沙的磷解吸量为静水状态下的 17.7%～24.2%。

表 5-3　泥沙动力学解吸过程模型拟合参数表

地区	扰动强度 /（r/min）	准一级动力学模型			准二级动力学模型			Elovich 模型		
		平衡解吸量 /（mg/g）	K_1	R^2	平衡解吸量 /（mg/g）	K_2	R^2	a	b	R^2
长寿	0	0.031	0.339	0.870	0.034	15.006	0.983	0.014	0.006	0.917
	100	0.055	0.294	0.951	0.060	6.776	0.972	0.021	0.010	0.938
	200	0.088	0.264	0.984	0.099	3.416	0.954	0.029	0.018	0.886
	300	0.105	0.196	0.988	0.121	1.876	0.960	0.024	0.024	0.914
	400	0.128	0.212	0.986	0.147	1.669	0.950	0.029	0.030	0.905
忠县	0	0.027	0.159	0.987	0.031	5.425	0.971	0.004	0.006	0.954
	100	0.064	0.490	0.904	0.069	11.083	0.954	0.034	0.010	0.883
	200	0.096	0.296	0.987	0.106	3.795	0.969	0.035	0.019	0.897
	300	0.121	0.252	0.989	0.136	2.381	0.960	0.038	0.025	0.896
	400	0.145	0.228	0.984	0.165	1.655	0.950	0.038	0.032	0.894
奉节	0	0.023	0.277	0.947	0.026	8.067	0.983	0.006	0.005	0.990
	100	0.065	0.199	0.997	0.072	5.480	0.971	0.023	0.013	0.891
	200	0.078	0.226	0.982	0.089	3.038	0.944	0.019	0.018	0.894
	300	0.100	0.175	0.983	0.116	1.701	0.949	0.019	0.023	0.908
	400	0.130	0.117	0.996	0.145	2.902	0.979	0.049	0.026	0.903

5.2　含沙量对泥沙吸附解吸磷的影响

泥沙，作为水体中污染物的主要载体，其浓度的变化必然会引起污染物在固-液两相间分配的变化，从而改变水体中氮、磷、重金属等污染物的浓度。另外，泥沙浓度的升高或降低会造成泥沙颗粒絮凝特性的变化，而絮凝形成的疏松多孔、具有巨大比表面积的絮体会在水体中大量捕获污染物，而且这种结构松散的絮体在水动力或其他条件改变时又会发生破裂，从而释放出污染物质，对当地水体造成污染。

5.2.1　动力学吸附

图 5-7 展示了不同泥沙浓度条件（0.5～2.0g/L）下，长寿、忠县、奉节地区泥沙对磷的动力学吸附过程及水体中磷浓度的变化过程。从图 5-7 中可以明显看出，在前 5h 内，无论是单位泥沙吸附量还是水体中的磷浓度变化速度都极快，在此阶段内水体磷浓度的减少量可达 48h 减少量的 59%～81%。随着时间的推移，吸附量逐渐达到饱和，吸附速率便开始下降，水体磷浓度的降速也开始变缓。

另外，从图 5-7 中可以看出，无论是哪个地区的泥沙，单位泥沙对磷的吸附量随泥沙浓度的增加而降低，浓度为 2.0g/L 的泥沙其单位吸附量比 0.5g/L 的泥沙少了 0.07～0.12mg/g。与此相对的是，水体中磷浓度的下降量随着泥沙浓度的增加而增大。泥沙浓度越大，单位泥沙对磷酸盐的吸附量越小，但总的吸附量越大，这种现象在部分试验中也得到了验证（王晓丽和郭博书，2010），其可能原因在于以下几个方面：①泥沙浓度的增大增加了颗粒间碰撞的概率，从而增加了吸附质从泥沙颗粒表面解吸出来的速率，使得单位泥沙吸附量减少；②泥沙颗粒的聚合作用增加，使得可利用的吸附位点减少；③悬浮物浓度增大，使得可利用的吸附位点增加，从而总吸附量增大而单位固体颗粒物的吸附量相应减少。总的来说，单位泥沙吸附量随着泥沙浓度的升高而减少，但泥沙浓度越高，泥沙对磷的总吸附量越大，而且随着泥沙浓度的升高，吸附普遍趋于更早达到平衡。

图 5-8 展示了长寿、忠县、奉节地区泥沙在四个泥沙浓度下（0.5～2.0g/L），准一、二级动力学模型及 Elovich 模型拟合的吸附过程。表 5-4 为拟合结果。从拟合趋势线也可以明显看出，泥沙浓度越大，在 5h 以后的单位吸附量越小，从表 5-4 中的拟合结果也可以看出，单位泥沙平衡吸附量 Q_e 随着泥沙浓度的增大也有所减小，一般将这种现象称为"固体浓度效应"。

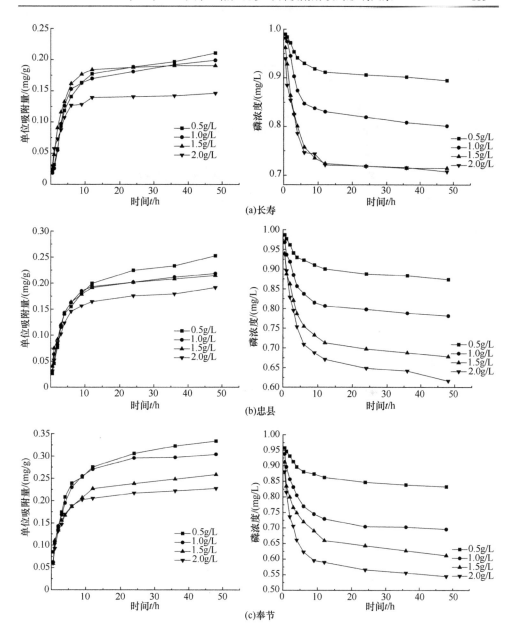

图 5-7　不同泥沙浓度下三个地区泥沙对磷的动力学吸附过程及水体磷浓度变化

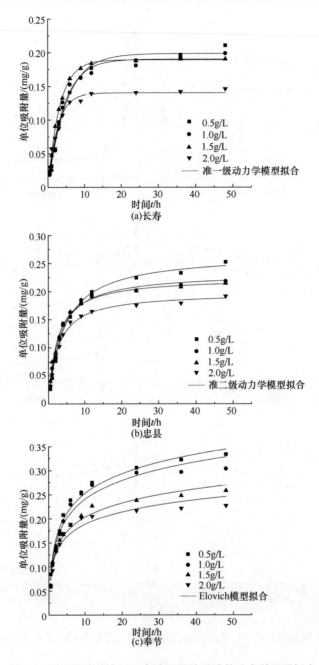

图 5-8　不同泥沙浓度下三个地区泥沙对磷的动力学吸附拟合

每地区选择一个模型为例

表 5-4　泥沙动力学吸附过程模型拟合参数表

地区	泥沙浓度 /(g/L)	准一级动力学模型			准二级动力学模型			Elovich 模型		
		Q_e /(mg/g)	K_1	R^2	Q_e /(mg/g)	K_2	R^2	a	b	R^2
长寿	0.5	0.199	0.201	0.960	0.229	1.012	0.983	0.046	0.045	0.960
	1.0	0.191	0.228	0.979	0.219	1.213	0.963	0.047	0.044	0.930
	1.5	0.189	0.311	0.909	0.211	1.927	0.977	0.067	0.039	0.905
	2.0	0.140	0.376	0.976	0.154	3.435	0.982	0.061	0.026	0.913
忠县	0.5	0.232	0.200	0.977	0.268	0.886	0.943	0.057	0.069	0.983
	1.0	0.208	0.273	0.936	0.233	1.498	0.989	0.069	0.043	0.950
	1.5	0.202	0.308	0.968	0.225	1.845	0.993	0.077	0.040	0.960
	2.0	0.177	0.298	0.981	0.198	1.949	0.965	0.064	0.036	0.958
奉节	0.5	0.306	0.288	0.927	0.340	1.138	0.980	0.117	0.059	0.923
	1.0	0.289	0.306	0.963	0.320	1.303	0.995	0.111	0.056	0.967
	1.5	0.234	0.386	0.904	0.257	2.119	0.980	0.105	0.043	0.977
	2.0	0.213	0.453	0.960	0.233	2.795	0.997	0.104	0.037	0.935

另外，从拟合结果看，表观反应速度 K_1、K_2（反映了吸附速度的快慢及反应达到平衡所需的时间）随着泥沙浓度的增大而加快，说明泥沙对磷的吸附能力增强，从图 5-7 中不同泥沙浓度下水体磷随时间的变化情况也可以看出，泥沙浓度的增大是有利于泥沙吸附磷的。部分研究者提出的泥沙浓度增大阻碍泥沙对污染物的吸附只是基于 Q_e 下降这一表观现象，它是泥沙浓度增大使得颗粒间发生相互作用，从而产生絮凝或竞争吸附等作用而引起的，只能说泥沙浓度的增大降低了单位质量泥沙对磷的吸附能力，但总吸附量实际上是增大的。

5.2.2　等温吸附

等温吸附线可以表明泥沙在不同磷酸盐浓度下的吸附能力，本章采用 Langmuir 模型、Freundlich 模型及 Tempkin 模型对三个地区泥沙在四个泥沙浓度下的等温吸附数据进行了拟合，等温吸附过程如图 5-9 所示，相应的拟合结果见表 5-5。

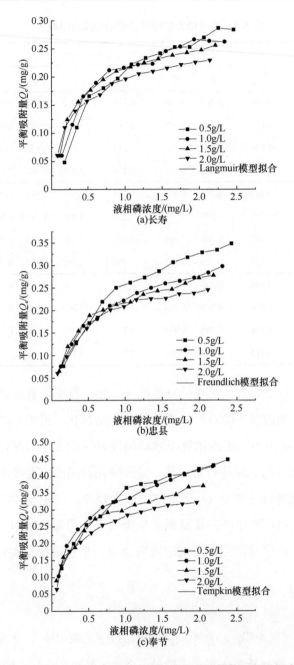

图 5-9 不同泥沙浓度下三个地区泥沙对磷的等温吸附拟合

每地区选择一个模型为例

表 5-5　泥沙等温吸附过程拟合参数表

地区	泥沙浓度/(g/L)	Langmuir模型			Freundlich模型			Tempkin模型		
		最大吸附量/(mg/g)	K_L	R^2	K_F	$1/n$	R^2	b_T/(J/mol)	A_T/(L/mg)	R^2
长寿	0.5	0.375	1.261	0.984	0.198	0.456	0.946	12243.915	10.695	0.961
	1.0	0.318	2.171	0.980	0.205	0.369	0.924	15043.039	19.633	0.976
	1.5	0.287	3.076	0.971	0.204	0.328	0.938	17676.279	31.756	0.986
	2.0	0.251	3.758	0.989	0.188	0.311	0.936	21419.790	46.969	0.997
忠县	0.5	0.459	1.225	0.994	0.239	0.459	0.910	10421.625	11.560	0.981
	1.0	0.348	1.944	0.951	0.217	0.388	0.911	14372.419	20.465	0.995
	1.5	0.313	2.625	0.988	0.214	0.357	0.925	16131.036	27.556	0.973
	2.0	0.286	2.712	0.963	0.198	0.353	0.950	18015.579	30.829	0.984
奉节	0.5	0.530	1.957	0.981	0.331	0.377	0.873	9433.961	20.520	0.991
	1.0	0.477	2.750	0.982	0.331	0.353	0.947	10762.044	30.575	0.985
	1.5	0.408	3.298	0.977	0.298	0.337	0.913	13225.947	43.111	0.988
	2.0	0.361	3.635	0.973	0.271	0.339	0.957	14308.658	40.228	0.995

　　图 5-9 展示了采用 Langmuir 模型、Freundlich 模型及 Tempkin 模型拟合的泥沙等温吸附过程，由图 5-9 可以看出，单位质量泥沙的固相平衡吸附量 Q_e 随液相磷浓度的增大而增加，且在液相磷浓度较低时增长较快，随后增速逐渐放缓，这是由于泥沙颗粒表面可吸附位点数量是固定的，随液相磷浓度的增加，可吸附位点数量减少，造成了磷吸附速率的放缓。随着泥沙浓度的增加，等温吸附曲线出现下移，表明泥沙浓度越大，单位质量泥沙的磷吸附量就越少，这也进一步说明了存在"固体浓度效应"。

　　由表 5-5 可见，三个等温吸附模型均能较好地拟合吸附数据，Langmuir 模型拟合效果最佳。Langmuir 与 Freundlich 模型参数中，K_L 与 n 皆能反映吸附的难易程度，其值越大，吸附越容易进行，可以明显看出随着泥沙浓度的增加，泥沙吸附能力变强。另外，从表 5-5 中可以看出，随着泥沙浓度的增加，A_T 基本呈上升趋势，即说明泥沙与磷之间的相互作用加强。b_T 与吸附热相关，其值可以反映吸附类型，b_T 越小，越趋于物理吸附，b_T 越大，越趋于化学吸附，可以看出随着泥沙浓度的增大，吸附方式由物理吸附趋向于化学吸附。

图 5-10 对比了在泥沙浓度为 1.0g/L 时，长寿、忠县、奉节三个地区泥沙的等温吸附过程差异，可以明显看出，在相同液相磷浓度下，奉节地区的单位泥沙吸附量明显大于其他两地，长寿最低，且吸附速率也表现出相同的规律。这同样与沉积物的物化性质有很大关系，一方面是由于奉节细颗粒泥沙含量较高，比表面积大，可吸附位点多；另一方面，样品测得的有机质含量奉节＞忠县＞长寿，已有报道证实沉积物的最大吸附量受有机质含量控制，磷的吸附量与总有机碳（TOC）有良好的正相关关系（赵慧明等，2014），且有机质能促进细颗粒絮凝成团（王晶，2013），从而裹挟吸附更多的磷。

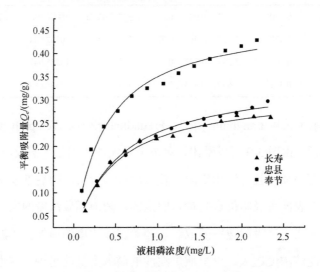

图 5-10　三个地区泥沙等温吸附过程对比（泥沙浓度为 1.0g/L）

5.2.3　动力学解吸

如图 5-11 所示，与动力学吸附相似，动力学解吸过程同样是从快到慢。从图 5-11 可以看出水体磷浓度随时间的变化过程，泥沙投入后，水体磷浓度开始快速上升，在 10h 左右达到顶点，随后基本保持平衡；不同浓度的泥沙，其磷解吸总量

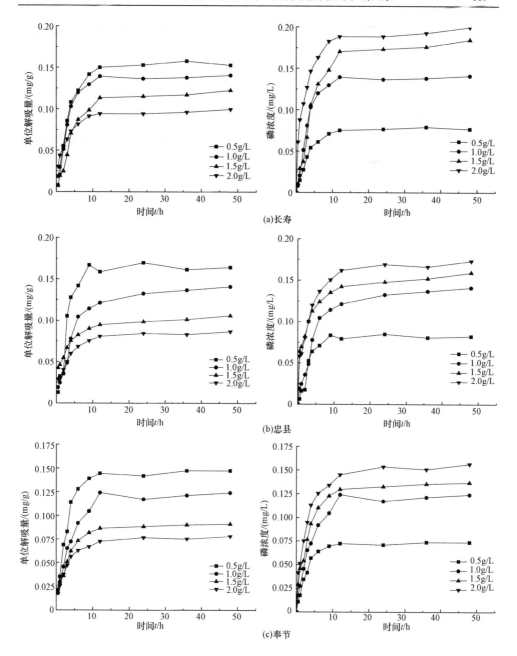

图 5-11　不同泥沙浓度下三个地区泥沙对磷的动力学解吸过程及水体磷浓度变化

差别很大，泥沙浓度越高，其磷解吸量越大，这是显而易见的，许多野外观测资料也显示，富营养化水体中氮、磷的含量与悬浮物浓度呈正相关。但是，随着泥沙浓度的增大，其单位泥沙的磷解吸量却有所下降，泥沙浓度为 0.5g/L 和 2.0g/L 的泥沙其单位解吸量增大在 48h 时差值达 0.45～0.82mg/g。

准一、二级动力学及 Elovich 模型对长寿、忠县、奉节三地区泥沙对磷的解吸过程拟合结果也反映了同样的结果（图 5-12 和表 5-6）。随着泥沙浓度的增大，单位泥沙的平衡吸附量 Q_e 下降，但表观反应速度 K_1、K_2（反映了吸附/解吸速度的快慢及反应达到平衡所需的时间）随着泥沙浓度的升高而增大，说明泥沙对磷

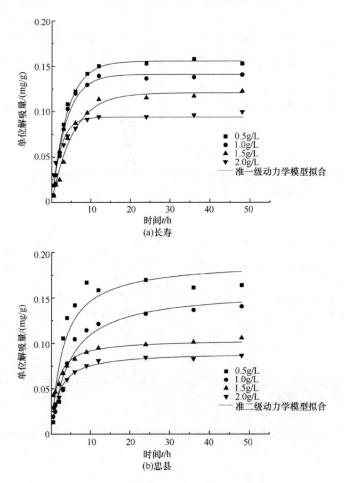

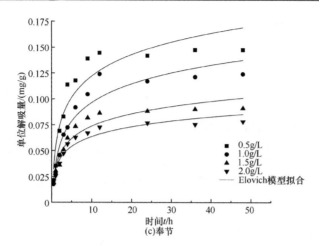

图 5-12　不同泥沙浓度下三个地区泥沙对磷的动力学解吸拟合

每地区选择一个模型为例

表 5-6　泥沙解吸动力学过程模型拟合参数表

地区	泥沙浓度 /(g/L)	准一级动力学模型			准二级动力学模型			Elovich 模型		
		平衡解吸量 /(mg/g)	K_1	R^2	平衡解吸量 /(mg/g)	K_2	R^2	a	b	R^2
长寿	0.5	0.199	0.201	0.989	0.229	1.012	0.982	0.046	0.046	0.956
	1.0	0.190	0.228	0.977	0.218	1.213	0.959	0.047	0.044	0.922
	1.5	0.189	0.311	0.999	0.211	1.927	0.975	0.067	0.039	0.922
	2.0	0.140	0.376	0.973	0.154	3.433	0.981	0.067	0.039	0.895
忠县	0.5	0.233	0.200	0.977	0.268	0.886	0.993	0.057	0.052	0.981
	1.0	0.208	0.273	0.986	0.233	1.498	0.987	0.069	0.043	0.945
	1.5	0.202	0.308	0.968	0.225	1.845	0.992	0.077	0.040	0.955
	2.0	0.177	0.298	0.981	0.198	1.949	0.994	0.064	0.036	0.953
奉节	0.5	0.312	0.293	0.927	0.351	1.140	0.982	0.120	0.071	0.928
	1.0	0.277	0.311	0.952	0.327	1.300	0.991	0.101	0.066	0.977
	1.5	0.234	0.380	0.904	0.252	2.121	0.983	0.102	0.053	0.971
	2.0	0.213	0.454	0.957	0.233	2.795	0.997	0.106	0.038	0.947

的总体解吸能力增强。拟合结果还显示，相同条件下三个地区的泥沙对磷的解吸量、解吸能力都有较大差异，这一点在 5.4 节中做具体讨论。

5.3　有机质对泥沙吸附解吸磷的影响

关于有机质对沉积物的磷吸附特征的影响已有部分研究，这些研究得出有机质含量与沉积物的吸附量有较好的正相关关系，但这些研究多关注于沉积物对磷吸附的定量研究，研究结果也只基于总量吸附关系，对于沉积物颗粒形态变化、性质差异的研究较少。本节对泥沙进行了定量有机物去除和添加，基于比表面积、孔隙特征等数据研究了不同泥沙样本的颗粒形态及表面特征变化，并利用模型对泥沙的吸附/解吸过程进行了模拟。

5.3.1　颗粒性质变化

使用康塔 QUADRASORB-SI 全自动比表面分析仪对泥沙样本（长寿、忠县、奉节的添加有机质泥沙和 0 有机质泥沙）进行 N_2 吸附–脱附实验，图 5-13 展示了长寿、忠县、奉节样本（添加有机质及不含有机质样）的 N_2 吸附–脱附曲线。沉积物的比表面积采用 BET（Brunauer-Emmett-Teller）方法，通过设置不同 N_2 分压，测量数组泥沙的多层吸附量，再由 BET 方程进行线性拟合，从而计算出被测样品的比表面积，通过 BJH（Barrett-Joyner-Halenda）方法用脱附数据计算孔容孔径，样本孔径分布及累积孔容图如图 5-14 所示。

根据国际纯粹与应用化学联合会（IUPAC）提出的分类标准，沉积物对 N_2 吸附–脱附曲线属于 II 型分类，在低压区吸附量上升，曲线上凸，随相对压力（p/p_0）的增加，吸附由单层过渡为多层，当相对压力（p/p_0）达到饱和蒸汽压时，吸附量急剧增大。吸附–脱附曲线的分离产生了滞后环，根据分类标准，其属于典型的 H2 型滞后行为，反映出孔结构复杂、孔径分布不均的特征。综上，沉积物吸附模式属于多孔材料多层吸附行为。

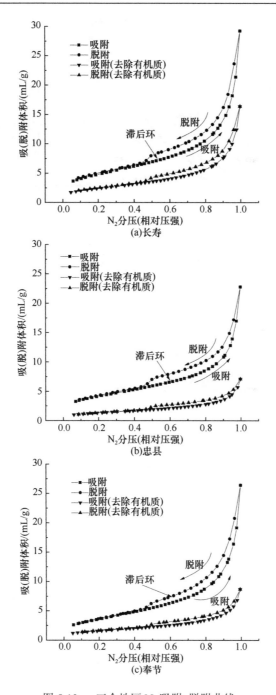

图 5-13　三个地区 N_2 吸附–脱附曲线

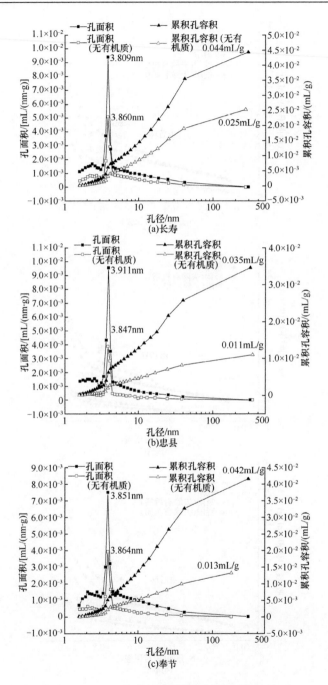

图 5-14 三个地区孔径分布及累积孔容

泥沙样本的表面特征参数见表 5-7。由图 5-13、图 5-14 及表 5-7 可见，三个地区的泥沙样本去除有机质后，其比表面积都发生了较大变化，平均减量达 8.755m²/g，为添加有机质沙的 57.8%，孔容也大量减少，平均减量 0.024mL/g，为添加有机质沙的 59.5%。由图 5-14 可见，孔径分布基本未发生变化，但孔径分布曲线发生下移，累积孔容积减量达 45.4%，说明孔数量大幅减少，尤其是孔径较长的孔（＞10nm）已基本趋近于 0。这可能是本底吸附物质在泥沙表面聚集、架桥造成的。

表 5-7　泥沙样本的表面特征参数

参数	长寿（含有机质）	忠县（含有机质）	奉节（含有机质）	长寿（去除有机质）	忠县（去除有机质）	奉节（去除有机质）
比表面积/（m²/g）	17.240	14.852	13.316	8.722	4.749	5.672
孔容/（mL/g）	0.044	0.035	0.042	0.025	0.011	0.013
孔径/nm	3.869	3.911	3.851	3.860	3.847	3.864

5.3.2　动力学吸附

图 5-15 展示了不同有机质含量下，长寿、忠县、奉节地区泥沙对磷的动力学吸附拟合过程。和其他影响因素下的动力学吸附过程类似，不同有机质含量下泥沙对磷酸盐的吸附过程也包括快速吸附和慢速吸附两个阶段，在 5h 左右吸附速率开始变缓，在 12h 左右单位吸附量达到最大，随后虽有小幅波动，但总体基本保持不变。另外，在相同的吸附时间内，有机质含量能够明显影响单位泥沙颗粒对磷的吸附量，有机质含量越高，单位泥沙吸附量越高，且吸附时间越长，其差异越明显。

表 5-8 对吸附模型拟合得到的参数进行了整合。可以看出，三种动力学模型皆能很好地拟合吸附过程，相关系数基本均在 0.9 以上。准一级动力学模型拟合得到的平衡吸附量 Q_e 相比准二级动力学模型及 Elovich 模型较符合实际情况，其拟合曲线能较好地反映数据点的变化趋势。从表 5-8 中还可以看出，随着有机质含量的增大，平衡吸附量 Q_e 和反映吸附强度的系数都随之增大，这也说明有机质对于泥沙颗粒吸附磷是起促进作用的。从图 5-14 及表 5-7 也可以看出，含有有机

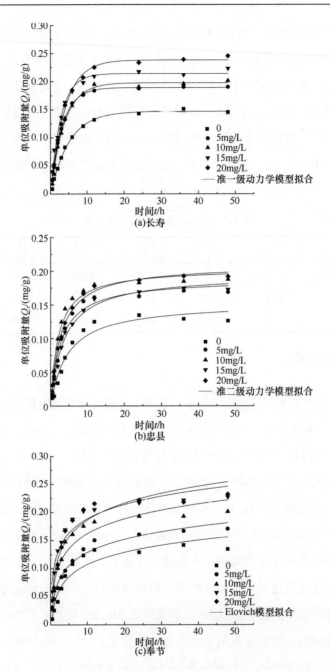

图 5-15 不同有机质含量下三地区泥沙对磷吸附的动力学拟合

每地区选择一个模型为例

表 5-8　泥沙动力学吸附过程模型拟合参数表

地区	有机质含量/(mg/L)	准一级动力学模型			准二级动力学模型			Elovich 模型		
		Q_e/(mg/g)	K_1	R^2	Q_e/(mg/g)	K_2	R^2	a	b	R^2
长寿	0	0.147	0.194	0.997	0.170	1.331	0.984	0.032	0.034	0.957
	5	0.189	0.311	0.999	0.211	1.927	0.975	0.067	0.039	0.895
	10	0.214	0.348	0.986	0.223	1.479	0.965	0.059	0.043	0.906
	15	0.238	0.352	0.997	0.237	2.008	0.983	0.087	0.041	0.906
	20	0.198	0.265	0.993	0.269	1.160	0.984	0.070	0.052	0.939
忠县	0	0.133	0.187	0.985	0.154	1.389	0.948	0.027	0.031	0.904
	5	0.168	0.279	0.995	0.189	1.870	0.969	0.053	0.036	0.904
	10	0.184	0.256	0.990	0.204	2.271	0.962	0.070	0.037	0.865
	15	0.171	0.322	0.994	0.195	1.381	0.985	0.045	0.038	0.949
	20	0.188	0.373	0.991	0.209	1.695	0.993	0.064	0.039	0.946
奉节	0	0.138	0.229	0.985	0.157	1.734	0.951	0.035	0.031	0.901
	5	0.163	0.231	0.973	0.184	1.615	0.993	0.051	0.034	0.973
	10	0.192	0.339	0.988	0.213	2.099	0.986	0.074	0.038	0.915
	15	0.213	0.453	0.956	0.233	2.795	0.997	0.104	0.037	0.928
	20	0.222	0.434	0.992	0.246	1.823	0.983	0.086	0.043	0.908

质的泥沙，其比表面积、孔容明显大于不含有机质的泥沙，而孔径变化不明显。大比表面积、较多的微孔数量及孔容的增大都会极大地影响颗粒物的吸附性质。

5.3.3　等温吸附

图 5-16 展示了不同有机质添加量下，长寿、忠县、奉节地区泥沙对磷的等温吸附过程。从图 5-16 中可以明显看出，泥沙对磷酸盐的平衡吸附量 Q_e 在初始磷浓度较小时（<1mg/L），其上升幅度较快，随后进入缓慢上升的阶段。随着有机质含量的增加，三个地区泥沙对磷的平衡吸附量都有所增大，并且从 0 到 5mg/L，其增长趋势较明显，而当有机质含量进一步增大时，平衡吸附量的增长幅度明显变小，拟合参数列于表 5-9。

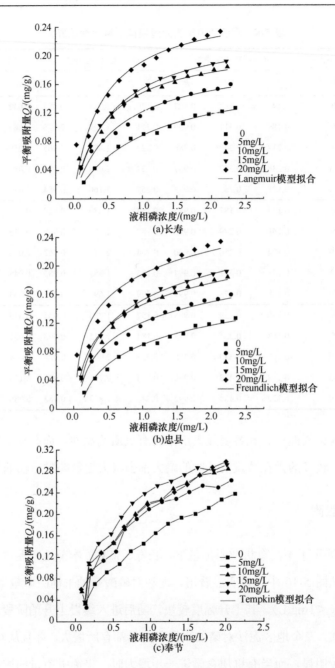

图 5-16 不同有机质含量下三个地区泥沙对磷的等温吸附拟合

每地区选择一个模型为例

沉积物不同有机质含量对磷的等温吸附拟合结果见表 5-9。由表 5-9 可见，三个等温吸附模型均能较好地拟合吸附数据。去除有机质后，最大吸附量、K_F、A_T 与添加有机质泥沙样相比大大降低，这是由于去除泥沙中有机质的过程中破坏了泥沙–有机复合体的团聚结构，且改变了泥沙颗粒表面的配位体性质，从而降低了颗粒对磷的吸附及固持能力。随着有机质含量的增多，最大吸附量依次增多，吸附分配系数 K_F、平衡结合常数 A_T 也依次增大。许多研究向原样沙中添加有机质，结果并未发现明显的吸附量增大的情况，这是由于原样泥沙的表面已附着有大量有机絮状物质，已达到吸附"饱和"状态，因此额外添加有机质对原状泥沙性质并未有明显影响。

表 5-9　泥沙等温吸附过程模型拟合参数表

地区	有机质含量 /(mg/L)	Langmuir 模型			Freundlich 模型			Tempkin 模型		
		最大吸附量 /(mg/g)	K_L	R^2	K_F	$1/n$	R^2	b_T /(J/mol)	A_T /(L/mg)	R^2
长寿	0	0.162	1.399	0.918	0.116	0.420	0.993	27595.470	10.042	0.985
	5	0.198	1.589	0.976	0.184	0.513	0.978	26276.716	19.279	0.974
	10	0.218	2.126	0.966	0.141	0.372	0.979	24865.301	29.104	0.964
	15	0.239	1.808	0.995	0.145	0.410	0.969	20730.255	28.763	0.991
	20	0.279	1.976	0.991	0.183	0.350	0.975	22751.328	56.659	0.916
忠县	0	0.198	1.635	0.991	0.116	0.422	0.968	24598.067	16.133	0.991
	5	0.221	1.556	0.987	0.127	0.433	0.989	22852.370	17.115	0.986
	10	0.228	1.635	0.986	0.134	0.423	0.984	22454.337	18.730	0.979
	15	0.227	2.105	0.993	0.145	0.386	0.966	21909.409	21.687	0.993
	20	0.389	2.697	0.994	0.153	0.596	0.993	14550.253	29.366	0.964
奉节	0	0.371	1.212	0.967	0.193	0.505	0.928	12632.577	10.915	0.973
	5	0.386	1.353	0.975	0.209	0.501	0.963	13497.188	16.079	0.963
	10	0.377	1.781	0.974	0.229	0.442	0.927	12349.626	15.509	0.979
	15	0.402	1.234	0.981	0.213	0.494	0.994	13860.203	17.641	0.949
	20	0.389	1.697	0.994	0.253	0.596	0.993	14550.253	19.366	0.964

5.3.4　动力学解吸

有机质含量对泥沙颗粒解吸磷的影响如图 5-17 所示。从图 5-17 中可以看出，与其吸附特性相反，不含有机质的泥沙颗粒其解吸磷的速度及解吸量明显大于含有有机质的泥沙，且随着有机质含量的增加，其解吸量随之减小。在解吸达到平衡时，不含有机质的泥沙颗粒的磷解吸量是有机质添加量为 20mg/L 的泥沙颗粒的磷解吸量的数倍，在前 5h 内，不含有机质的泥沙所在的水体中磷的上升速度也明显高过添加有机质的泥沙。

从表 5-10 中也可以看出，有机质的存在明显阻碍了泥沙颗粒所吸附的磷的解吸，这与泥沙浓度对磷解吸的影响相似。随着有机质含量的增加，其总释放量由

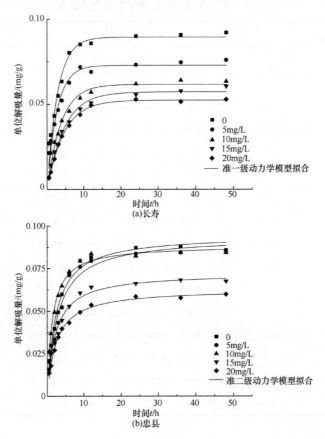

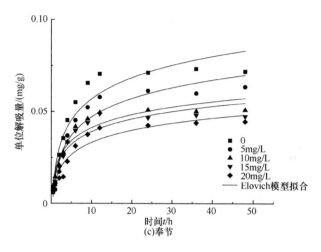

图 5-17　不同有机质含量下三个地区泥沙对磷的动力学解吸拟合

每地区选择一个模型为例

表 5-10　泥沙动力学解吸过程模型拟合参数表

地区	有机质含量 /(mg/L)	准一级动力学模型			准二级动力学模型			Elovich 模型		
		平衡解吸量 /(mg/g)	K_1	R^2	平衡解吸量 /(mg/g)	K_2	R^2	a	b	R^2
长寿	0	0.089	0.352	0.957	0.098	5.114	0.966	0.039	0.016	0.902
	5	0.073	0.373	0.952	0.080	6.774	0.973	0.033	0.013	0.919
	10	0.062	0.264	0.974	0.069	5.007	0.989	0.020	0.013	0.959
	15	0.057	0.213	0.986	0.065	4.000	0.996	0.016	0.013	0.976
	20	0.052	0.219	0.997	0.060	4.508	0.983	0.014	0.012	0.941
忠县	0	0.086	0.312	0.986	0.095	4.468	0.984	0.032	0.017	0.919
	5	0.084	0.271	0.968	0.094	3.843	0.963	0.030	0.016	0.912
	10	0.082	0.477	0.952	0.088	8.109	0.986	0.042	0.013	0.893
	15	0.066	0.313	0.932	0.072	6.190	0.964	0.027	0.012	0.934
	20	0.057	0.303	0.961	0.063	6.510	0.992	0.022	0.011	0.960
奉节	0	0.073	0.229	0.993	0.081	4.250	0.963	0.019	0.017	0.911
	5	0.062	0.200	0.990	0.072	3.205	0.964	0.014	0.014	0.926
	10	0.051	0.280	0.992	0.056	6.563	0.975	0.018	0.010	0.909
	15	0.048	0.281	0.994	0.054	6.829	0.962	0.016	0.009	0.885
	20	0.044	0.191	0.969	0.051	4.471	0.951	0.011	0.095	0.907

于本身总吸附量高而随之增加，但由于有机质对泥沙颗粒性质（絮凝、比表面积、孔隙特征等）等的影响而对磷产生固持作用，因此单位泥沙颗粒对磷的解吸量会有所减少。

5.4　讨　　论

本章主要讨论了不同因素对泥沙吸附/解吸磷的影响：①根据实验和理论分析结果可以得出，平衡吸附/解吸量与扰动强度有着明显的正相关关系，这与目前已有研究结果一致，认为扰动使得泥沙悬浮于上覆水体，加速了底泥间隙水与上覆水的混合，增强了扩散作用，同时增大了水体磷与泥沙颗粒发生交换的接触面，从而加速了泥沙对于磷的吸附/解吸（王立志等，2011）；②泥沙浓度的升高有助于水体中磷浓度的降低，这是目前已有研究公认的结论，但单位泥沙对磷的吸附/解吸量随泥沙浓度的增大而减少的现象较少被报道，李宇浩和高增文（2017）在渤海沉积物样品中也发现了类似的现象，随着沉积物固体浓度增大，测得各形态磷含量减少，考虑存在"固体浓度效应"；③有机质含量能够明显影响单位泥沙颗粒对磷的固定效果，有机质含量越高，单位泥沙吸附量越高，解吸率越小。曹琳等（2011）的实验发现，沉积物中有机质与有机磷呈显著正相关，而沉积物中有机质的矿化分解对磷解吸起促进作用；王振华（2010）提出泥沙对磷的吸附量与无定形 Fe、Al 氧化物含量呈极显著正相关，而有机质可以通过影响 Fe、Al 氧化物而间接促进磷的吸附。

表5-11展示了本书中三峡库区长寿、忠县、奉节地区在泥沙浓度为0.5～2.0g/L的条件下泥沙对磷的最大吸附量以及其他研究者对不同地区泥沙吸附磷的研究成果。由表 5-11 可以看出，三峡库区黏性泥沙对于磷的最大吸附量与其他地区河湖泥沙有一定差别，其吸附量处于中等水平，一方面是由于实验条件如 pH、温度等有所不同，另一方面是泥沙颗粒的矿物组成、有机质含量不同，如黄河泥沙沉积物中 SiO_2 含量较高（大于 70%）而有机质含量较低（小于 1%）（肖洋等，2011），

从而造成沉积物对于磷的吸附能力较弱。

表 5-11　黏性泥沙对磷的最大吸附量相关研究成果

研究者	采样区	最大吸附量/（mg/g）	实验条件	
			泥沙浓度/（g/L）	动力条件/（r/min）
吕平毓等（2005）	长江上游	1.526	1.0	190
肖洋等（2015）	淮河中游	0.404	5.0	150
张潆元（2017）	长江中下游	0.351~2.822	2.0~20.0	200
胡康博（2011）	黄河下游	0.130	2.0	160
黄利东（2011）	湖泊沉积物	0.588	10.0	180
王颖等（2008）	三峡库区（小江）	0.446	2.0	190
本书结论	三峡库区（长寿）	0.251~0.375	0.5~2.0	190
	三峡库区（忠县）	0.286~0.459	0.5~2.0	190
	三峡库区（奉节）	0.361~0.530	0.5~2.0	190

　　另外，无论是用来模拟动力学过程的准一级动力学、准二级动力学、Elovich模型，还是用来模拟等温吸附过程的 Langmuir、Freundlich、Tempkin 模型，都能够较好地对泥沙颗粒吸附/解吸磷的过程进行模拟，并对泥沙颗粒的最大吸附量、平衡吸附量等数据进行预估。但是，由于计算方法不同，不同的模型对吸附过程的模拟及对未来吸附状态的预估有各自不同的判断。以一组数据为例，从图 5-18（a）中可以明显地看出各种模型模拟效果之间的差距，在静置条件下，准一级动力学、准二级动力学、Elovich 模型都能很好地模拟吸附过程，各模型的模拟效果并无太大差距。而在动力条件下，差距开始显现，准二级动力学、Elovich 模型明显低估了在吸附中期单位泥沙对磷的吸附量，而又高估了吸附后期达到平衡的吸附时间及平衡吸附量。同样，如图 5-18（b）所示，Langmuir、Freundlich、Tempkin模型在不同的动力条件下也显现出不同的模拟效果，在静置条件下并未有太大差距，在加入动力条件后差距显现，但不同于动力学模型，等温吸附模型并未显示明显规律，在不同动力条件下，各模型在不同磷浓度下对平衡吸附量变化趋势的预估也有所不同。

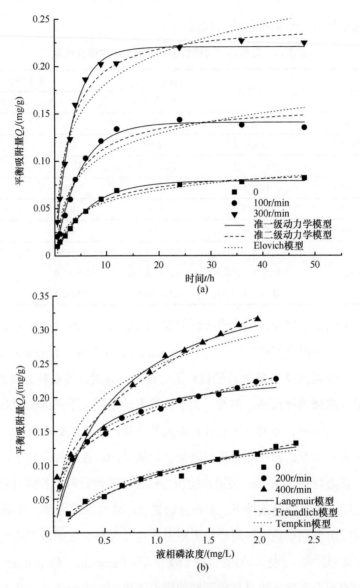

图 5-18　各模型拟合效果对比

从吸附量来看（图 5-19），无论是动力学模型模拟出的平衡吸附量还是等温吸附模型模拟出的最大吸附量，都呈奉节＞忠县＞长寿的规律，平均吸附速率也

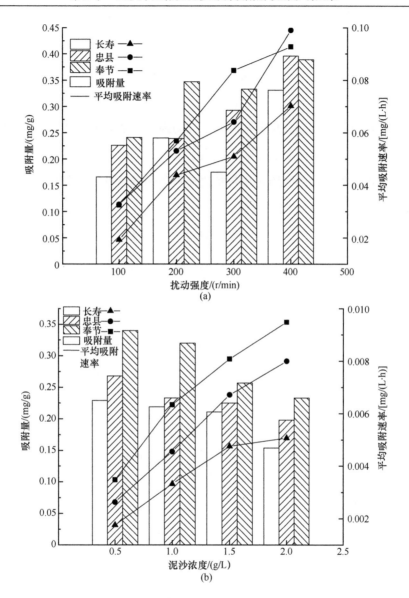

图 5-19　三个地区泥沙吸附磷能力对比

是如此。这主要是由泥沙颗粒性质不同而引起的，与奉节地区泥沙相比，长寿与
忠县地区的泥沙粒度偏大，粒度越大，其比表面积就越小，造成表面可吸附位点
减少；另外，长寿地区泥沙的黏土矿物含量明显小于其他两地，许多研究提出黏

土矿物一般都具有较强的吸附能力，这也是造成吸附量较少的原因。

5.5 小 结

本章通过单因子控制变量分别研究了扰动强度、含沙量、有机质含量对长寿、忠县、奉节地区泥沙吸附磷的影响，得出了以下结论：

（1）泥沙对磷酸盐的吸附过程包括快速吸附和慢速吸附两个阶段，一般在前 5h 内的吸附量就可达 48h 吸附量的 62%～89%，这在解吸过程中也呈现相似的现象，考虑出现快—慢速吸附差异的原因与能量变化有关。另外，泥沙对磷酸盐的平衡吸附量 Q_e 在初始磷浓度较小时上升幅度较快，随初始磷浓度的增加，吸附效率有所降低。

（2）平衡吸附量与扰动强度有着明显的正相关关系，随着扰动强度的增大，泥沙吸附/解吸能力变强，平衡吸附/解吸量及最大吸附/解吸容量增加。扰动极大地提高了泥沙颗粒与水体中磷酸盐的接触效率，也改变了泥沙颗粒的絮凝特性，从而使得更多的泥沙颗粒与水体发生物质交换，增大了吸附/解吸量。从 Tempkin 模型模拟结果来看，扰动强度的改变对泥沙对磷的吸附方式没有影响。

（3）单位泥沙吸附量随着泥沙浓度的升高而降低，但泥沙浓度越高，泥沙对磷的总吸附量越大，而且随着泥沙浓度的升高，吸附普遍趋于更早达到平衡，基于此现象，考虑泥沙对磷的吸附存在"固体浓度效应"。

泥沙浓度越高，磷解吸量越高，但随着泥沙浓度的升高，其单位泥沙的磷解吸量发生下降，泥沙浓度为 0.5g/L 和 2.0g/L 的泥沙其单位解吸量在 48h 时差值达 0.45～0.82mg/g。

（4）有机质对泥沙颗粒的表面性质有较大影响，与添加有机质沙样相比，去除有机质后，其比表面积都发生了较大变化，平均减量达 8.755m²/g，为添加有机质沙的 57.8%，孔容也大量减少，平均减量 0.024mL/g，为添加有机质沙的 59.5%，微孔数量也大幅减少，尤其是孔径较长的孔（＞10nm）已基本趋近于 0。

从吸附数据来看，有机质含量能够明显影响单位泥沙颗粒对磷的吸附量，有机质含量越高，单位泥沙吸附量越高，且吸附时间越长，其差异越明显。与其吸附特性相反，不含有机质的泥沙颗粒其解吸磷的速度及解吸量明显大于含有有机质的泥沙，且随着有机质含量的增加，其解吸量随之减小。在解吸达到平衡时，不含有机质的泥沙颗粒的磷解吸量是有机质添加量为 20mg/L 泥沙颗粒的磷解吸量的数倍，在前 5h 内，不含有机质的泥沙所在的水体中磷的上升速度也明显高过添加有机质的泥沙。

（5）无论是用来模拟动力学过程的准一级动力学、准二级动力学、Elovich 模型，还是用来模拟等温吸附过程的 Langmuir、Freundlich、Tempkin 模型，都能够较好地对泥沙颗粒吸附/解吸磷的过程进行模拟，并对泥沙颗粒的最大吸附量、平衡吸附量等数据进行预估，但各模型之间对于反应趋势的判断及终点预估存在差异。

（6）从动力学模型及等温吸附模型模拟出的结果来看，最大吸附量、平均吸附速率都呈奉节＞忠县＞长寿的规律，考虑是泥沙颗粒粒径不同及表面特性、有机质含量不同而引起的。

第 6 章　结论与建议

6.1　结　　论

本书针对三峡库区黏性泥沙絮凝影响因素及对磷的吸附/解吸特性展开研究，研发了絮凝沉降装置，并利用多普勒流速仪对沉降柱内水体紊动特性进行分析，校订了沉降柱中格栅振动频率与沉降柱内紊动剪切率之间的对应关系。面对絮体观测难度较大这一难题，本书采用高清摄像机配合图像采集软件研发了絮体图像采集系统，对低紊动剪切率下絮体的变化情况进行了研究。应用激光粒度仪测量了不同影响因素下泥沙絮体的粒径分布变化情况，并利用 X 射线衍射仪、电子扫描显微镜、比表面分析仪等对泥沙颗粒的矿物组成、表面形态及结构性质进行了测量。基于准一级动力学、准二级动力学、Elovich 模型和 Langmuir、Freundlich、Tempkin 模型，通过设置不同的梯度研究了在不同因素下泥沙颗粒对磷的吸附及解吸特性，得出了以下主要结论：

（1）研发絮凝沉降装置，使用多普勒流速仪对沉降柱中水体紊动特性进行分析和对剪切率进行校定，分析结果表明：首先，两层格栅中水流横、纵向均方根流速近似相等，可认定沉降柱中格栅中间为近似各向同性均匀紊流区。通过建立格栅运行参数 $S^2M^{1/2}fH^{-3/2}$ 与均方根流速之间关系，得到当振幅为 3cm 时该装置所产生的剪切率 G 和格栅振动频率 f 之间关系为 $G=10.854f^{1.51}$。

（2）研发絮体图像采集系统，并对其拍摄精度进行校定，该系统可拍摄到的最小泥沙颗粒大小为 6μm。通过高清摄像机和 StreamPix 软件进行连续采样，使用 ImageJ 软件对絮体图像进行二值化、降噪及补全中空后，对絮体颗粒的个数、等效粒径等进行统计计算，实现了在絮凝过程中对絮体粒径的原位观测，避免了传统取样分析中对絮体结构造成破坏的弊端。

（3）三峡库区黏性泥沙絮凝临界剪切率为 $19.94s^{-1}$。相同浓度的黏性泥沙，随紊动剪切率的增大（从 $3.84s^{-1}$ 至 $255.8s^{-1}$），絮体最大粒径呈先增大后减小的趋势；当剪切率为 $19.94s^{-1}$ 时，大粒径絮体占比最大，长寿河段絮体最大粒径可达 0.130mm，忠县河段絮体最大粒径最大可达 0.126mm，奉节河段絮体最大粒径可达 0.114mm。

（4）不同浓度下的黏性泥沙颗粒在絮凝平衡后其絮体级配有明显差异。泥沙浓度的升高，能够增大泥沙颗粒的碰撞效率，使级配曲线明显右移，粒径分布范围减小，大颗粒絮体占比增大，泥沙絮凝程度呈增加的趋势。颗粒粒径对于絮凝也有较大影响，以泥沙絮凝度 F_n 随特征粒径 d_n 的变化来研究颗粒絮凝情况，发现随着特征粒径的增大，泥沙颗粒的絮凝度不断减小，即泥沙颗粒粒径越小，泥沙颗粒的絮凝效果越好。泥沙絮凝度 F_n 与特征粒径 d_n 有明显的相关关系，随特征粒径 d_n 的增大，絮凝度 F_n 呈指数型减小。絮凝实验结果显示，随有机质浓度的升高，细微颗粒泥沙占比明显减小，而大颗粒絮体占比增加，说明有机质可以促进颗粒间的架桥作用，随着有机质含量的升高，颗粒间的絮凝效果增强。在相同浓度下，不同价态及不同种类的阳离子对于泥沙颗粒 Zeta 电位的影响也有所不同，Zeta 电位与泥沙絮体粒径有明显的相关关系，随着 Zeta 电位的下降，泥沙颗粒絮凝效果呈上升趋势。

（5）黏性泥沙对磷酸盐的吸附过程包括快速吸附和慢速吸附两个阶段，考虑出现快—慢速吸附差异与能量变化有关。平衡吸附量与扰动强度有着明显的正相关关系，随着扰动强度的增大，泥沙吸附/解吸能力变强，平衡吸附/解吸量及最大吸附/解吸量增加。单位泥沙吸附量随着泥沙浓度的升高而降低，但泥沙浓度越高，泥沙对磷的总吸附量越大，而且随着泥沙浓度的升高，吸附普遍趋于更早达到平衡，考虑泥沙对磷的吸附存在"固体浓度效应"。泥沙浓度越高，磷解吸量越高，但随着泥沙浓度的升高，其单位泥沙的磷解吸量有所下降，认为在低泥沙浓度下，单位泥沙有更大的吸附量和更强的吸附性能，其所吸附的物质附着更加牢固，不易脱附。有机质的存在能够影响泥沙颗粒的表面形态及微孔特性，从而影响单位泥沙颗粒对磷的吸附量，有机质含量越高，单位泥沙吸附量越高，且吸附时间越长，其差异越明显，但在解吸实验中发现随着有机质含量的增加，其磷解吸量随之减小。无论是用来模拟动力学过程的准一级动力学、准二级动力学、Elovich 模型，还是用来模拟等温吸附过程的 Langmuir、Freundlich、Tempkin 模型，都能够较好地对泥沙颗粒吸附/解吸磷的过程进行模拟，并对泥沙颗粒的最大吸附量、平衡吸附量等数据进行预估，但各模型之间对于反应趋势的判断及终点预估存在差异。从动力学模型及等温吸附模型模拟出的结果来看，最大吸附量、平均吸附速率都呈奉节＞忠县＞长寿的规律，考虑是泥沙颗粒粒径不同及表面特性、有机质含量不同而引起的。

6.2　建　　议

本书通过室内实验对三峡库区黏性泥沙絮凝影响因素及黏性泥沙对磷的吸附/解吸特性进行了研究，探求了黏性泥沙在不同剪切率、含沙量、粒径、有机质含量等条件下泥沙絮团的发育情况、颗粒粒径分布变化和对磷的吸附及解吸影响，得到了一些结论和成果。但由于黏性泥沙絮凝过程的复杂性和微观性，还有很多需要解决的问题，主要体现在以下几个方面：

（1）格栅各层间流场结构十分复杂，本书只是使用声学多普勒流速仪测量空间单点流场信息，积分长度尺度只是按照经验公式进行选取，今后应该进一步采用高精度的流场测量仪器进行分析，如采用粒子图像测速（PIV）进行流场测量，以便获取更准确的流场信息。

（2）黏性泥沙絮凝沉降是一个动态的过程，本书低紊动剪切率实验中只有边长为 10mm 的正方形絮体收集口的絮体能进入絮体分离室进行观测，无法对全断面的絮体粒径进行分析，有必要进一步研究开发能实时测量全部断面絮体粒径的仪器。

（3）在其他因素对黏性泥沙絮凝影响分析的实验中，只用了絮体粒径分布一个测量指标来反映泥沙颗粒的絮凝效果，但取样及转移过程中的晃动及测量过程中激光粒度仪内部流动特性的不一致等人为干扰，使得到的结果存有误差。因此，在今后的实验中应结合多种方法，如泥沙颗粒沉速、数值模型等方法来对絮凝结果进行综合评判。

（4）各影响因素对于黏性泥沙对磷的吸附及解吸影响复杂，它们既相互联系又相互制约，河流水体成分复杂，条件多变，单一地研究某种因子的影响效果实际意义有限，只有尽快开展多因素耦合作用研究才能更好更全面地体现出对吸附解吸过程的影响。另外，黏性泥沙对于污染物的吸附必然离不开泥沙颗粒絮凝的影响，且矿物种类、粒径分布、泥沙浓度、颗粒形态、有机质含量、pH、动力条件等会对吸附解吸造成影响的因素同样会影响黏性泥沙的絮凝，但本书并未很好地将黏性泥沙絮凝/破碎与污染物吸附/解吸关联起来，因此要加强对河流动力学及环境科学等学科的交叉研究，进一步加深动力学吸附在黏性泥沙絮凝研究方面的应用。

参 考 文 献

安敏, 文威, 孙淑娟. 2009. pH 和盐度对海河干流表层沉积物吸附解吸磷(P)的影响. 环境科学学报, 29(12): 2616-2622.

蔡莹, 吴蕾, 陈云峰. 2012. 巢湖湖岸砂石的磷吸附特性研究. 环境工程学报, 6(4): 1215-1219.

曹琳, 吉芳英, 林茂, 等. 2011. 有机质对三峡库区消落区沉积物磷释放的影响. 环境科学研究, 24(2): 185-190.

柴朝晖, 杨国录, 陈萌, 等. 2012. 均匀切变水流对黏性细颗粒泥沙絮凝的影响研究. 水利学报, 43(10): 1194-1201.

陈锦山, 何青, 郭磊城. 2011. 长江悬浮物絮凝特征. 泥沙研究, 5: 11-18.

陈明洪, 方红卫, 陈志和. 2009. 泥沙颗粒表面磷吸附分布的实验研究. 泥沙研究, 15(4): 51-57.

陈野, 李青云, 曹慧群. 2014. 河流泥沙吸附磷的研究现状与展望. 长江科学院院报, 31(5): 12-16.

代政, 祁艳丽, 唐永杰, 等. 2016. 上覆水环境因子对滨海水库沉积物氮磷释放的影响. 环境科学研究, 29(12): 1766-1772.

杜建军, 张一平. 1993. 陕西几种土壤磷吸附特征及温度效应的研究. 土壤通报, 3(6): 241-243.

甘海华, 徐盛荣. 1994. 红壤及其有机无机复合体对磷的吸附与解吸规律探讨. 土壤通报, 25(6): 264-266.

高丽, 史衍玺, 孙卫明. 2009. 荣成天鹅湖湿地沉积物对磷的吸附特征及影响因子分析. 水土保持学报, 23(5): 162-166.

龚春生, 范成新. 2010. 不同溶解氧水平下湖泊底泥-水界面磷交换影响因素分析. 湖泊科学, 22(3): 430-436.

郭长城, 王国祥, 喻国华. 2006. 天然泥沙对富营养化水体中磷的吸附特性研究. 中国给水排水, 22(9): 10-13.

郭超, 何青. 2014. 长江中下游洪枯季泥沙絮凝研究. 泥沙研究, 5: 59-64.

韩璐, 黄岁樑, 罗阳, 等. 2010. 溶解氧等环境因素对 Alafia 河表层沉积物磷释放影响的模拟研究. 农业环境科学学报, 29(11): 2178-2184.

杭小帅, 翟由涛, 千方群. 2016. 不同天然环境矿物材料对水体磷的去除效果初探. 海口: 中国环境科学学会学术年会.

何芳娇, 吉祖稳, 王党伟, 等. 2016. 三峡水库泥沙絮凝特征及影响因素分析. 人民长江, 47(14): 31-35.

胡康博. 2011. 黄河泥沙沉积物的理化性质及其对磷的吸附行为研究. 北京: 北京林业大学.

黄磊, 方红卫, 陈明洪, 等. 2012. 黏性细颗粒泥沙的表面电荷特性研究进展. 清华大学学报(自然科学版), 6: 747-752.

黄丽敏, 靳强, 杨斌, 等. 2017. 位点能量分布理论及其在土壤和沉积物对污染物吸附研究中的应用. 环境化学, 11(11): 2424-2433.

黄利东. 2011. 湖泊沉积物对磷吸附的影响因素研究. 杭州: 浙江大学.

黄利东, 柴如山, 宗晓波, 等. 2012. 不同初始磷浓度下湖泊沉积物对磷吸附的动力学特征. 浙江大学学报(农业与生命科学版), 38(1): 81-90.

贾兴永. 2011. 土壤性质对外源磷化学有效性及吸附解吸的影响研究. 北京: 中国农业科学院.

姜军, 徐仁扣. 2015. 离子强度对三种可变电荷土壤表面电荷和 Zeta 电位的影响. 土壤, 47(2): 422-426.

金相灿, 姜霞, 姚扬. 2004. 溶解氧对水质变化和沉积物吸磷过程的影响. 环境科学研究, 17(z1): 34-39.

金鹰, 王义刚, 李宇. 2002. 长江口黏性细颗粒泥沙絮凝实验研究. 河海大学学报, 30(3): 61-62.

近藤精一, 石川达雄, 安部郁夫, 等. 2006. 吸附科学. 北京: 化学工业出版社.

李九发, 戴志军, 刘启贞, 等. 2008. 长江河口絮凝泥沙颗粒粒径与浮泥形成现场观测. 泥沙研究, 8(3): 26-32.

李克斌, 刘广深, 刘维屏. 2003. 酰胺类除草剂在土壤上吸附的位置能量分布分析. 土壤学报, 40(4): 574-580.

李薇. 2014. 溶解氧水平对富营养化水体底泥氮磷转化影响的研究. 南京: 南京理工大学.

李文杰, 杨胜发, 胡江, 等. 2015. 三峡库区细颗粒泥沙絮凝的试验研究. 应用基础与工程科学学报, 23(5): 851-860.

李宇浩, 高增文. 2017. 沉积物磷形态分析的固体浓度效应. 海洋科学前沿, 4(1): 1-6.

李振亮. 2014. 基于群体平衡的活性污泥絮凝动力学. 重庆: 重庆大学.

李振亮, 张代钧, 卢培利, 等. 2013. 活性污泥絮体分布与分形维数的影响因素. 环境科学, 34(10): 3975-3980.

刘腊美. 2009. 嘉陵江流域非点源氮磷污染及其对重庆主城段水环境影响研究. 重庆: 重庆大学.

刘启贞. 2007. 长江口细颗粒泥沙絮凝主要影响因子及其环境效应研究. 上海: 华东师范大学.

刘启贞, 李九发, 李为华, 等. 2006. AlCl$_3$、MgCl$_2$、CaCl$_2$ 和腐殖酸对高浊度体系细颗粒泥沙絮凝的影响. 泥沙研究, 6: 18-23.

刘仁沿, 刘磊, 梁玉波, 等. 2016. 我国近海有毒微藻及其毒素的分布危害和风险评估. 海洋环境科学, 35(5): 787-800.

路敏. 2015. 长江口及邻近海域沉积物中磷的吸附特征及影响因素研究. 青岛: 中国海洋大学.

吕平毓, 黄文典, 李嘉. 2005. 河流悬移质对含磷污染物吸附试验研究. 水利水电技术, 36(10): 93-96.

马良, 徐仁扣. 2010. pH和添加有机物料对3种酸性土壤中磷吸附-解吸的影响. 生态与农村环境学报, 26(6): 596-599.

农业部新闻办公室. 2013. 科学施肥促进肥料利用率稳步提高我国肥料利用率达 33%. 农业工程技术, 1(10): 89.

潘齐坤. 2011. 九龙江口湿地沉积物磷吸附-解吸特征及其微观形貌的影响. 北京: 中国科学院大学.

彭福利, 何立环, 于洋, 等. 2017. 三峡库区长江干流及主要支流氮磷叶绿素变化趋势研究. 中国科学: 技术科学, 12(8): 845-855.

彭进平, 逄勇, 李一平. 2003. 水动力条件对湖泊水体磷素质量浓度的影响. 生态环境学报, 12(4): 388-392.

千方群, 周健民, 王火焰, 等. 2008. 不同黏土矿物对磷污染水体的吸附净化性能比较. 生态环境学报, 17(3): 914-917.

乔光全. 2013. 不同因素对黏性泥沙絮凝特性的影响研究. 天津: 天津大学.

乔光全, 张金凤, 张庆河, 等. 2014. 紊动对黏性泥沙絮凝沉降影响的实验研究. 天津大学学报(自然科学与工程技术版), 47(9): 811-816.

秦宇, 王紫薇, 韩超. 2017. 悬移质泥沙粒径对磷吸附的影响. 中国给水排水, 17(7): 80-83.

沈钟, 赵振国, 王国庭. 2004. 胶体与界面化学. 北京: 化学工业出版社.

宋智香, 刘晓黎, 周新革, 等. 2009. 黄河下游悬浮颗粒物和沉积物对磷的吸附. 人民黄河, 31(12): 45-46.

唐建华. 2007. 长江口及其邻近海域黏性细颗粒泥沙絮凝特性研究. 上海: 华东师范大学.

田雨. 2009. 高含沙河流"揭河底"河段胶泥层力学性能研究. 郑州: 华北水利水电大学.

王而力, 王嗣淇, 江明选. 2013. 沉积物不同有机矿质复合体对磷的吸附特征影响. 中国环境科学, 33(2): 270-277.

王晶. 2013. 底泥扰动下可被生物利用颗粒态磷的变化规律及其定量表征. 苏州: 苏州科技大学.

王军霞, 李莉娜, 陈敏敏, 等. 2015. 中国重点污染源总磷、总氮排放状况研究. 环境污染与防治, 37(10): 98-103.

王立志, 王国祥, 俞振飞, 等. 2011. 风浪扰动引起湖泊底泥磷释放的模拟实验研究. 水土保持学报, (2): 121-124.

王圣瑞, 金相灿, 赵海超. 2005. 长江中下游浅水湖泊沉积物对磷的吸附特征. 环境科学, 26(3): 38-43.

王小林. 2006. 关于太湖水生生物多样性(Aquatic Organisms Diversity)保护的思考. 现代渔业信息, 21(2): 22-24.

王晓丽, 郭博书. 2010. 黄河沉积物对磷酸盐吸附的固体浓度效应研究. 内蒙古师范大学学报(自然科学汉文版), 39(1): 55-58.

王晓丽, 潘纲, 包华影, 等. 2008. 黄河中下游沉积物对磷酸盐的吸附特征. 环境科学, 29(8): 2137-2142.

王晓青, 李哲, 吕平毓, 等. 2007. 三峡库区悬移质泥沙对磷污染物的吸附解吸特性. 长江流域资源与环境, 16(1): 31-36.

王颖, 沈珍瑶, 呼丽娟. 2008. 三峡水库主要支流沉积物的磷吸附/释放特性. 环境科学学报, 28(8): 1654-1661.

王振华. 2010. 紫色土泥沙沉积物磷素形态变化及其释放风险. 农业环境科学学报, 30(1): 154-160.

文宇立, 叶维丽, 刘晨峰, 等. 2015. "十三五"总氮、总磷总量控制政策建议. 环境污染与防治, 37(3): 27-30.

吴启堂. 2015. 环境土壤学. 北京: 中国农业出版社.

夏波, 张庆河, 蒋昌波, 等. 2014. 水体紊动作用下湖泊泥沙解吸释放磷的实验研究. 泥沙研究, (1): 74-80.

夏福兴, Eisma D. 1991. 长江口悬浮颗粒有机絮凝研究. 华东师范大学学报(自然科学版), 11(1): 66-70.

肖洋, 陆奇, 成浩科, 等. 2011. 泥沙表面特性及其对磷吸附的影响. 泥沙研究, (6): 64-68.

肖洋, 沈菲, 成浩科. 2018. 泥沙吸附磷前后 Zeta 电位变化试验. 水利水电科技进展, 38(3): 22-25.

肖洋, 余维维, 成浩科, 等. 2015. 淮河中游泥沙对磷吸附/解吸规律. 河海大学学报: 自然科学版, 43(4): 307-312.

邢丽贞, 孔进, 陈文兵. 2003. 微生物絮凝剂及其在废水处理中的运用. 工业水处理, 23(4): 10-12.

徐清, 刘晓端, 刘浏等. 2005. 密云水库沉积物中磷释放的环境因子影响实验. 岩矿测试, 24(1): 19-22.

杨铁笙, 熊祥忠, 詹秀玲. 2003. 黏性细颗粒泥沙絮凝研究概述. 水利水运工程学报, 2: 13-16.

杨作升, 王海成, 乔淑卿. 2009. 黄河与长江入海沉积物中碳酸盐含量和矿物颗粒形态特征及影响因素. 海洋与湖沼, 40(6): 674-681.

叶小青, 彭亭瑜, 姬玉欣, 等. 2016. 微生物胞外聚合物在环境工程中的应用进展. 杭州师范大学学报(自然科学版), 15(4): 387-393.

应一梅, 李海华, 秦馨. 2012. 静态和紊动条件下黄河泥沙对砷的吸附规律. 人民黄河, 34(7): 85-86.

张斌亮, 张昱, 杨敏. 2004. 长江中下游平原三个湖泊表层沉积物对磷的吸附特征. 环境科学学报, 24(4): 595-600.

张建民, 赵孟肖, 李红玑. 2017. ATP 颗粒吸附剂对磷的吸附性能. 应用化工, 46(8): 1530-1535.

张莉娟, 郑忠. 2006. 胶体与界面化学. 广州: 华南理工大学出版社.

张迎颖, 严少华, 刘海琴, 等. 2017. 富营养化水体生态修复技术中凤眼莲与磷素的互作机制. 生态环境学报, 26(4): 721-728.

张潆元. 2017. 三峡库区泥沙对磷的吸附解吸特性研究. 北京: 中央民族大学.

张志忠. 1996. 长江口细颗粒泥沙基本特性研究. 泥沙研究, 4(1): 67-73.

赵慧明. 2010. 泥沙颗粒生长生物膜后基本物理性质的实验研究. 北京: 清华大学.

赵慧明, 汤立群, 王崇浩, 等. 2014. 生物絮凝泥沙的絮凝结构实验分析. 泥沙研究, 2(6): 12-18.

周宏伟. 2007. 农耕活动与湖泊消亡: 来自我国南方的例证. 陕西师范大学学报(哲学社会科学版), 36(5): 13-16.

周家俞, 刘亚辉, 吴门伍. 2006. 泥沙粒径与水流紊动关系实验研究. 水动力学研究与进展, 21(5): 679-684.

周晓朋, 李怡, 李艳坤, 等. 2015. 基于 Zeta 电位分析的滨海淤泥质吹填土泥浆絮凝试验研究.

水道港口, (1): 65-71.

周永胜, 王立立, 李取生. 2011. 南沙河口湿地沉积物对磷的吸附特性研究. 华南师范大学学报 (自然科学版), 11(1): 74-79.

朱广伟, 秦伯强, 张路, 等. 2005. 太湖底泥悬浮中营养盐释放的波浪水槽实验. 湖泊科学, 17(1): 61-68.

Aksu Z, Karabayir G. 2008. Comparison of biosorption properties of different kinds of fungi for the removal of Gryfalan Black RL metal-complex dye. Bioresource Technology, 99(16): 7730-7741.

Alan J S C, Dong P. 2010. Non-equilibrium flocculation characteristics of fine-grained sediments in grid-generated turbulent flow. Coastal Engineering, 57: 447-460.

Appan A, Wang H. 2000. Sorption isotherms and kinetics of sediment phosphorus in a tropical reservoir. Journal of Environmental Engineering, 126: 993-998.

Biggs C A, Lant P A . 2000. Activated sludge flocculation: on-line determination of floc size and the effect of shear. Water Research, 34(9): 2542-2550.

Bouyer D, Line A, Cockx A, et al. 2001. Experimental analysis of floc size distribution and hydrodynamics in a Jar-Test. Chemical Engineering Research & Design, 79(8): 1017-1024.

Chai Z H, Yang G L, Chen M. 2013. Treating urban dredged silt with ethanol improves settling and solidification properties. Korean Journal of Chemical Engineering, 30(1): 105-110.

Chaignon V, Lartiges B S, Samrani A E, et al. 2002. Evolution of size distribution and transfer of mineral particles between flocs in activated sludges: an insight into floc exchange dynamics. Water Research, 36(3): 670-684.

Chunmei W U, Yourong L I. 2017. Adsorption phase change and wetting condition at solid-vapor interface. Chinese Science Bulletin, 62(5): 439-445.

Colomer J, Peters F, Marrase C. 2005. Experimental analysis of coagulation of particles under low-shear flow. Water Research, 39(13): 2994-3000.

Dyer K R, Manning A J. 1999. Observation of the size, setting velocity and effective density of flocs, and their fractal dimensions. Journal of Sea Research, 41: 87-95.

Faulkner B R, Olivas Y, Warem W, et al. 2010. Removal efficiencies and attachment coefficients for Cryptosporidium in sandy alluvial riverbank sediment. Water Research, 44(9): 2725-2734.

Foo K Y, Hameed B H. 2010. Insights into the modeling of adsorption isotherm systems. Chemical Engineering Journal, 156(1): 2-10.

Gerke J, Hermann R. 2010. Adsorption of Orthophosphate to Humic-Fe-Complexes and to Amorphous Fe-Oxide. Journal of Plant Nutrition and Soil Science, 155(3): 233-236.

Gratiot N, Manning A J. 2002. An experimental investigation of floc characteristics in a diffusive turbulent flow. Journal of Coastal Research, 41: 105-113.

Gunawan. 2013. Microwave-Assisted Synthesis of Carbon Supported Metal/Metal Oxide Nanocomposites and Their Application in Water Purification. Little Rock: University of Arkansas at Little Rock.

Guppy C N, Menzies N W, Moody P W, et al. 2005. Competitive sorption reactions between phosphorus and organic matter in soil: a review. Soil Research, 43(2): 189-202.

Hameed B H, Mahmoud D K, Ahmad A L. 2008. Equilibrium modeling and kinetic studies on the adsorption of basic dye by a low-cost adsorbent: coconut(Cocos nucifera) bunch waste. Journal of Hazardous Materials, 158(1): 65-72.

Hopkins D C, Ducoste J J. 2003. Characterizing flocculation under heterogeneous turbulence. Journal of Colloid and Interface Science, 264(1): 184-194.

Hunt J F, Ohno T, He Z, et al. 2007. Inhibition of phosphorus sorption to goethite, gibbsite, and kaolin by fresh and decomposed organic matter. Biology and Fertility of Soils, 44(2): 277-288.

Ives K J. 1978. Rate theories. The Scientific Basis of Flocculation, Sijthoff and Noordhoff: Alphen aan den Rign. The Netherlands: Sijthoff & Noofdhoff.

Jiang X, Jin X, Yao Y, et al. 2008. Effects of biological activity, light, temperature and oxygen on phosphorus release processes at the sediment and water interface of Taihu Lake, China. Water Research, 42(8-9): 2251-2259.

Jin Q, Yang Y, Dong X B, et al. 2016. Site energy distribution analysis of Cu (Ⅱ)adsorption on sediments and residues by sequential extraction method. Environmental Pollution, 208: 450-457.

Kurochkina G N, Pinskii D L. 2012. Development of a mineralogical matrix at the adsorption of polyelectrolytes on soil minerals and soils. Eurasian Soil Science, 45(11): 1057-1067.

Lick W, Lick J. 1998. Aggregation and disaggregation of fine-grained lake sediments. Journal of Great Lakes Research, 14: 514-523.

Liu D. 2017. Water Treatment by Adsorption and Electrochemical Regeneration : Development of A Liquid-Lift Reactor. Manchester: University of Manchester.

McAnally W H. 1999. Aggregation and Deposition of Estuarial Fine Sediment. Gainesville: University of Florida.

Mietta F, Chassagne C, Manning A J, et al. 2009. Influence of shear rate, organic matter content, pH and salinity on mud flocculation. Ocean Dynamics, 59: 751-763.

Milligan T G, Hill P S. 1998. A laboratory assessment of the relative importance of turbulence, particle.composition and concentration in limiting maximal floc size and setting behaviour. Journal of Sea Research, 39: 227-241.

Miquel L, Frank V O. 2013. Controlling eutrophication by combined bloom precipitation and sediment phosphorus inactivation. Water Research, 47(17): 6527-6537.

Mostafapour F K, Bazrafshan E, Farzadkia M, et al. 2013. Arsenic removal from aqueous solutions by Salvadora persica stem ash. Journal of Chemistry, 47: 8-10.

Mustafa S, Zaman M L, khan S. 2008. Temperature on the mechanism of phosphate anions sorption by P-MnO$_2$. Chemical Engineering Journal, 141(1-3): 51-57.

Oles V. 1992. Shear-induced aggregation and breakup of poly-styrene latex-particles. Journal of Colloid and Interface Science, 154(2): 351-358.

Parker D S, Kaufman W J, Jenkins D. 1972. Floc breakup in turbulent flocculation processes. Journal of the Sanitary Engineering Divison, 12: 79-99.

Qiu H, Lv L, Pan B, et al. 2009. Critical review in adsorption kinetic models. Journal of Zhejiang University Science, 10(5): 251-253.

Shi H, Sun Y P, Zhao X G, et al. 2013. Influence on sorption property of Pb by fractal and site energy distribution about sediment of Yellow River. Procedia Environmental Sciences, 18: 464-471.

Smith V H, Schindler D W. 2009. Eutrophication science: where do we go from here. Trends in Ecology & Evolution, 24(4): 201-207.

Smoluchowski M. 1973. Versuch einer mathematischen theorie der koagulation skinetik kolloider losungen. Zeitschrift fur Physikalische Chemie, 92(1): 129-168.

Tchobanoglous G, Burton F L, Stensel H D. 2003. Wastewater Engineering: Treatment and Reuse. New York: McGraw Hill Inc.

Teresa S, Jordi C, Logan B E. 2008. Efficiency of different shear devices on flocculation. Water Research, 42: 1113-1121.

Tsai C H, Hwang S C. 1995. Flocculation of sediment from the Tanshui River estuary. Marine and Freshwater Research, 46: 383-392.

Vitela R A V, Rangel M J R. 2013. Arsenic removal by modified activated carbons with iron hydro(oxide)nanoparticles. Journal Environment Management, 114: 225-231.

Wang C H, Gao S J, Wang T X, et al. 2011. Effectiveness of sequential thermal and acid activation on phosphorus removal by ferric and alum water treatment residuals. Chemical Engineering Journal, 172(2): 885-891.

Wang S, Jin X, Bu Q, et al. 2006. Effects of particle size, organic matter and ionic strength on the phosphate sorption in different trophic lake sediments. Journal of Hazardous Materials, 128(2-3): 95-98.

Wang Y, Shen Z Y, Niu J F, et al. 2009. Adsorption of phosphorus on sediments from the

Three-Gorges Reservoir(China) and the relation with sediment compositions. Journal of Hazardous Materials, 162(1): 92-98.

Weber S M L, Lion L W. 2010. Flocculation model and collision potential for reactors with flows characterized by high Peclet numbers. Water Research, 44(18): 5180-5187.

Yi C, Wang W, Shen C. 2014. The adsorption properties of CO molecules on single-layer graphenc nanoribbons. Aip Advances, 4(3): 666-668.

Zhang L, Fan C X , Wang J J. 2006. Space-time dependent variances of ammonia and phosphorus flux on sediment-water interface in Lake Taihu. Environmental Science, 27(8): 1537-1543.

附 录 符 号 表

u'和v'：横向均方根流速和纵向均方根流速，m/s

G：紊动剪切率，s^{-1}

ε：紊动能量耗散率

v：流体运动黏滞系数，kg/（m·s）

l：积分尺度

Z：距格栅层中心位置的距离，cm

S：格栅振幅，cm

H：格栅间距，cm

M：格栅中相邻栅孔距离，cm

f：格栅振动频率，Hz

δ：空间分辨率

P：像素个数

L：拍摄长度，cm

Q_t：t时刻吸附量，mg/g

C_0：磷初始浓度，mg/L

C_t：t时刻磷浓度，mg/L

m：泥沙质量，g

V：溶液体积，L

Q_e：平衡吸附量，mg/g

C_e：磷平衡浓度，mg/L

W_{LOI}：土壤烧失质量分数，%

Q_m：饱和吸附量，mg/g

K_L：朗格缪尔（Langmuir）常数

K_F：弗兰德里希（Freundlich）常数

A_T：与结合能有关的平衡结合常数，L/mg

b_T：特姆金（Tempkin）常数，kJ/mol

k_1：准一级速率常数

k_2：准二级速率常数

$D_{f,95}$：大于 95%粒子的粒径（本书中作为最大粒径），μm

d_n：特征粒径（大于 n%粒子的粒子），μm

F_n：絮凝度